空间设计理论与实践丛书　THEORY AND PRACTICE OF SPACE DESIGN SERIES

薛文凯　编著　　MODERN PUBLIC ENVIRONMENTAL FACILITIES DESIGN

辽宁美术出版社　　# 现代公共环境设施设计

图书在版编目（ＣＩＰ）数据

现代公共环境设施设计 ／ 薛文凯编著．－－ 沈阳：
辽宁美术出版社，2014.5 （2015.7重印）
（空间设计理论与实践丛书）
ISBN 978-7-5314-6061-9

Ⅰ．①现… Ⅱ．①薛… Ⅲ．①城市公用设施-环境设
计 Ⅳ．①TU984.14

中国版本图书馆CIP数据核字（2014）第084118号

出 版 者：辽宁美术出版社
地　　址：沈阳市和平区民族北街29号　邮编：110001
发 行 者：辽宁美术出版社
印 刷 者：沈阳市博益印刷有限公司
开　　本：889mm×1194mm　1/16
印　　张：8
字　　数：160千字
出版时间：2014年5月第1版
印刷时间：2015年7月第2次印刷
责任编辑：苍晓东　李　彤
封面设计：范文南　洪小冬　苍晓东
版式设计：彭伟哲　薛冰焰　吴　烨　高　桐
技术编辑：鲁　浪
责任校对：李　昂
ISBN 978-7-5314-6061-9
定　　价：49.00元

邮购部电话：024-83833008
E-mail: lnmscbs@163.com
http://www.lnmscbs.com
图书如有印装质量问题请与出版部联系调换
出版部电话：024-23835227

中国高等院校
THE CHINESE UNIVERSITY
21世纪高等教育美术专业教材

总 序

当我们把美术院校所进行的美术教育当做当代文化景观的一部分时，就不难发现，美术教育如果也能呈现或继续保持良性发展的话，则非要"约束"和"开放"并行不可。所谓约束，指的是从经典出发再造经典，而不是一味地兼收并蓄；开放，则意味着学习研究所必须具备的眼界和姿态。这看似矛盾的两面，其实一起推动着我们的美术教育向着良性和深入演化发展。这里，我们所说的美术教育其实有两个方面的含义：其一，技能的承袭和创造，这可以说是我国现有的教育体制和教学内容的主要部分；其二，则是建立在美学意义上对所谓艺术人生的把握和度量，在学习艺术的规律性技能的同时获得思维的解放，在思维解放的同时求得空前的创造力。由于众所周知的原因，我们的教育往往以前者为主，这并没有错，只是我们更需要做的一方面是将技能性课程进行系统化、当代化的转换；另一方面需要将艺术思维、设计理念等等这些由"虚"而"实"体现艺术教育的精髓的东西，融入到我们的日常教学和艺术体验之中。

在本套丛书实施以前，出于对美术教育和学生负责的考虑，我们做了一些调查，从中发现，那些内容简单、资料匮乏的图书与少量新颖但专业却难成系统的图书共同占据了学生的阅读视野。而且有意思的是，同一个教师在同一个专业所上的同一门课中，所选用的教材也是五花八门、良莠不齐，由于教师的教学意图难以通过书面教材得以彻底贯彻，因而直接影响到教学质量。

学生的审美和艺术观还没有成熟，再加上缺少统一的专业教材引导，上述情况就很难避免。正是在这个背景下，我们在坚持遵循中国传统基础教育与内涵和训练好扎实绘画（当然也包括设计）基本功的同时，向国外先进国家学习借鉴科学的并且灵活的教学方法、教学理念以及对专业学科深入而精微的研究态度，辽宁美术出版社会同全国各院校组织专家学者和富有教学经验的精英教师联合编撰出版了《中国高等院校21世纪高等教育美术专业教材》。教材是无度当中的"度"，也是各位专家长年艺术实践和教学经验所凝聚而成的"闪光点"，从这个"点"出发，相信受益者可以到达他们想要抵达的地方。规范性、专业性、前瞻性的教材能起到指路的作用，能使使用者不浪费精力，直取所需要的艺术核心。从这个意义上说，这套教材在国内还是具有填补空白的意义。

中国高等艺术院校系列丛书编委会

前 言
PREFACE

  不同的领域对公共设施有不同的理解，赋予公共设施不同的概念和内涵，在此我们不作探讨、争辩。我想从公共设施的发展、特点及制作方法来讲，把公共设施纳入工业设计的范畴更切合这一概念，本书就是从工业设计的角度来研究这一课题的。

  公共环境设施设计是伴随着城市的发展而发展起来的融工业设计与环境设计于一体的环境产品设计，是工业设计的有机组成部分，具有完善城市功能、对城市的建设具有重要意义。我国公共环境设施设计开发与研究刚开始，同发达国家相比，无论是开发设计的深度还是广度以及制作生产的工艺水平都还相差甚远，还没有专业的设计人员来从事这一课题的设计研究管理，相关法规的制定也不完善。公共环境设施在我国设计院系刚刚引入教学，并显示出了活力，但还需要不断地完善和提高，出版一本相关的教学用书就显得十分的必要。

  本书力图把公共环境设施设计与教学很好地结合，信息量大。图片全部选用了作者实地考察拍摄的作品及鲁迅美术学院工业设计系多年来公共环境设施课程学生的优秀作品及部分教师的参展、参赛及社会实践作品。书中着重做到作品全方位的系统性与完整性，图片从专业设计的角度出发，一个作品多个角度视点，尽可能地让读者对公共设施有更深入的了解。同时本书还注意了公共环境设施设计规划的系统性介绍，从整体规划到单体设施设计的系列性介绍，如第二章第二节公共环境设施的系统规划设计中所选图片，法国巴黎新区德方斯及维莱特公园就是一个很好的例证。在第四章公共环境设施的色彩运用一文中，所选"未来世界主题公园"图例中也注意了这一点。本书还力求全面而深入浅出地介绍公共环境设施的相关理论知识，生动、活泼并突出各章节的特色，如第七章公共环境设施设计教学中主要写了公共环境设施设计教学中的一些看法和心得，从课题的训练方法、辅导方式以及教学和社会初衷的关系入手，并列举了导示牌和灯具设计的不同课题不同设计切入点，所产生的不同设计结果，这里有学生的课堂作业和毕业设计作品，也有教师的社会实践作品，我想这对研究公共环境设施设计的学生、教师及相关设计人员会有很好的作用。人的行为、心理无障碍设计是研究公共设施常常被忽略的两个方面，本书的第五章中从人的行为与环境场所和人的行为心理出发探讨了人与环境设施的关系。无障碍设计一章中对无障碍设计的概念、细节设计及国际常用尺度符号及设施的基本要求作了归纳整理。我希望本书的出版会对我国设计院校的公共环境设施设计教学起到抛砖引玉的作用。

目 录

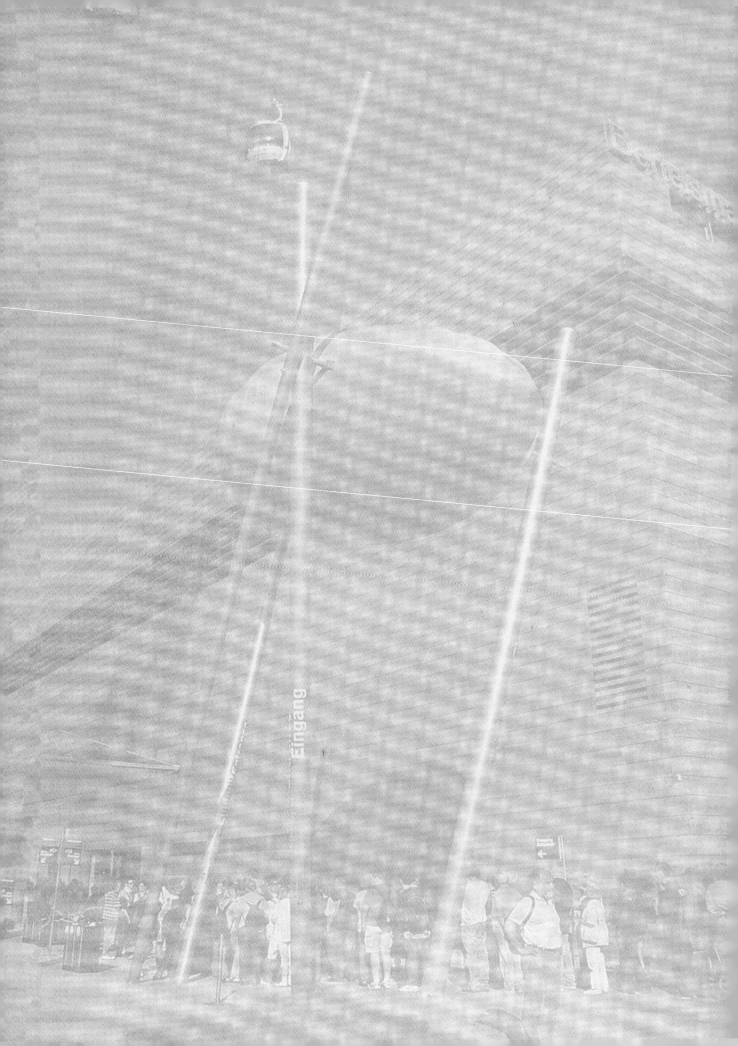

中國高等院校

THE CHINESE UNIVERSITY

21世纪高等教育美术专业教材

The Art Material for Higher Education of Twenty-First Century

CHAPTER 1

公共环境设施设计的概念

公共环境设施的发展

我国公共环境设施存在的问题

公共环境设施

设 计 概 述

第一章 公共环境设施设计概述

第一节 公共环境设施设计的概念

公共环境设施设计是伴随着城市的发展而产生的融工业产品设计与环境设计于一体的新型的环境产品设计，是工业设计的一部分，犹如城市的家具；公共环境设施是城市的不可缺少的构成元素，是城市的细部设计。公共环境设施设计的主要目的是完善城市的使用功能，满足公共环境中人们的生活需求，方便人们的行为，提高人们的生活质量与工作效率。公共环境设施是人们在公共环境中的一种交流媒介，它不但具有满足人的需求的实用功能，同时还具有改善城市环境、美化环境的作用，是城市文明的载体，对于提升城市文化品位，具有重要的意义。

自从有了城市就有了建筑、广场、街道、集市、码头，进而产生了社区、公园等公共环境空间及活动场所。大大小小的公共空间为人们提供了各种需求的行为场所，但仅有这些公共场所是不够的，还需要有地方休息、交流、寻找目标等一系列的行为活动，这就产生了休息的坐椅、路示指示等简单的设施，随着社会的进步，城市化进程也就进一步的细化。古代的公共设施附属于建筑的一部分，制作上也是建筑的手法，如我国古代重要建筑前的华表、石牌坊。故宫太和殿前的定时器功能的日晷，划分空间控制空间作用的石牌坊，以天安门前最初起"谤木"作用，具有接纳百姓意见功能，后来成为权力象征功能的华表，及石狮、铜龟、嘉量、香炉等，在古代的国外有神庙、纪功柱、方尖牌，及凯旋门、喷泉以及设施。

一些具有悠久历史的城市文化与一些现代化的大都市都有完备的公共环境设施，象征战争胜利的凯旋门，具有标志性的方尖牌、纪功柱等古代设施，具有城市象征与观赏景观意义的埃菲尔铁塔，还有实用功能的饮水机、路灯、指示牌和设计新颖的现代环境设施的自助系统、电话亭、公共汽车站、儿童游乐设施等等，我们可以从城市公共设施看到巴黎城市发展的脉络与辉煌的历史和现代化大都市的身影。

今天的环境设施与古代以前概念意义的传统小品设施有着根本性的不同。以实用功能为主的工业化批量生产的设施产品替代了以精神象征功能为主的手工生产的环境设施，在发达国家，公共环境设施设计与城市建设是同步发展，并配套成体系的，相关的法规政策制定也比较完善健全（图1.1～1.5）。

图1.1

图1.2

图1.3

图1.4

图1.5

第二节 公共环境设施的发展

可以说公共环境设施是伴随着城市的历史而发展起来的，其发展趋势可以归纳如下几点：

(一)多元化与专业化

不同阶层、不同年龄的人在不同的场合对公共环境设施有着不同的需求。科技的发展为公共环境设施由单一走向多样提供了生产制造的条件，同时新产品的发明也带动了与之配套的公共环境设施的开发。例如：自行车的发明向我们提出如何解决规范车辆存放并美化环境的课题，电话通讯业的发展向我们提出电话亭的设计。电脑技术的出现又产生了智能化的自助系统提款机、卖报机、自助照相机……公共环境设施设计已从传统意义的喷泉、饮水机、休息坐椅等单一的几种产品向多品种、更加专业化方向发展，如自助系统的分类已从单一的饮料机，向自助售票机、自助剪票机、自助售烟机、自助提款机、自助卖报机乃至自助快餐机等等多层次专业化发展。在西方发达国家，咖啡、糖果、甜食、自动贩卖机已进入消费者的习惯之中，而且随着时代的发展，新的环境设施还将不断出现，公共环境设施设计正在从单一的种类走向多元而且进一步地走向专业化（图1.6~1.10）。

图1.6

图1.7

图1.8

图1.9

图1.10

（二）智能化设计

每一次的技术进步都给世界的各个领域带来巨大的变革，设计领域更是如此。公共环境设施设计也是伴随着一场场的变革而不断地发展，进一步地向智能化迈进，并且技术生产方式的进步使原来不可实现的设想成为可能。计算机技术及网络技术的发展带动了自助系统的兴起，旅游导引地图牌这个单一不变的功能识别已被可以触摸选择的电脑智能化的资讯库所替代。拥有74年历史的法国照相公司PHOTOMATON近日宣布该公司所属的自动照相亭将安装与因特网接头设备，使前去照相的顾客或者非顾客，都能免费发出录像邮件和电子邮件。安装这些因特网免费接头，使人们能够随时与合作联网单位，例如与巴黎公共交通公司、商业中心、当地问事处等机构进行联网咨询，它还能够向人们提供因特网电子邮件的网址。肚子饿了不需要上餐馆了，也不用长时间下厨了，弗勒里·米雄(PLEURYMI—CHON)农业食品企业，开发了一种叫熟食自动贩卖机，这种熟食自动贩卖机可以使人们在几分钟之内拥有一份热饭菜。弗勒里·米雄集团负责人说这个计划并非创举，但以前的几次尝试不是以流产告终，就是仍处在萌芽阶段，原因主要还是在技术方面，随着技术的发展使他们的设想成为可能（图1.11、1.12）。

美国德圣安东尼奥海洋世界启用了生物识别系统协助验票，持有季票的游客通过指纹获得入园许可，在美国许多地方，使用生物识别系统以保证安全进入的做法正在逐步推广。通过生物识别系统，管理者不再每年对持证人员进行照片审核，也不用担心有人将证件出借或遗失，它使人们通过关卡速度更快。迪斯尼乐园和Bush Garden等主题会公园也采用了生物识别系统。在一些银行，视网膜识别系统也开始投入使用。

务，省时、省力的设计，将是今后公共环境设施设计的发展方向之一。使用者不但能有效地使用，同时在设计上避免使用者的粗心或错误操作而受到伤害。如世界最先进的自动售票机的设计就有下列功能：

①可选择吸烟、禁烟区。

②若搭乘头等厢，则可预订在座位上用餐。

③可指定坐席的类型、位置（靠窗、面对面的座位等等）。

④可预订往返的坐席。

⑤可变更预订所希望搭乘的列车，预订完成时，画面会显示发车的时间、费用，所以，只要投入钱币，车票就会出来，无须排队购票，十分方便，最大限度地满足了人们的需求。现代公共环境设施设计的目的就是极大地满足人们的使用需求。发达国家现代化的火车站设计，使旅客避免了过多地上下阶梯台阶、走天桥，地铁直通火车站内大厅，各类环境设施如电话

图1.11

图1.12

（三）人性化的设计

以人为本是工业设计的出发点，人性化的设计主要体现以下三个方面：

(1) 满足人们的需求与使用的安全。

(2) 功能明确、方便。

(3) 对自然生态的保护和社会的可持续发展。

从使用者的需求出发，提供有效的服

图1.13

图1.14

亭、自助售票机、自动查询机排列成行,标识导向牌指示明确,有台阶的地方设置了残疾人专用升降电梯。现代环境设施还应考虑设计所适用地区环境气候、风土人情、人的生活习惯,电话亭的设计就要考虑人的多种需求,考虑人的隐私、心理、隔音、空气的流通等,从心理因素出发,使用玻璃的通透性免去了人的压迫感,在安全性上就不能使用普通玻璃而是用钢化玻璃,以防碎后伤人(图1.13、1.14)。

(四)工业构件标准化与模块化设计

工业化是工业设计产生和存在的条件,现代化公共环境设施设计的工业构件的标准化与模块化趋势主要从以下三个方面加以考虑:

1.从降低成本考虑

由于公共环境设施设计的种类多、需求量大,所以工业化生产构件的互换通用减少了模具的套数,标准化、模块化、多元组合拆卸、装配为批量生产提供了捷径,大大地降低了产品设计的成本,同时减少了包装和运输费用。

2.从生态环保考虑

在工厂生产出高精度的标准化配件、现场组合安装、提高了生产效率的同时,又便于维修和拆卸,这样既方便了行人与车辆,又免除了现场施工的噪音与尘土,缩短了施工周期,有利于环境的保护。

3.从时代性考虑

由于公共环境设施是城市文化载体,体现了城市文明,同时工业化也体现了一个国家和地区的现代化的发展水平,现代技术的高精度的构件组合、新材料的运用,最好地体现出时代精神(图1.15~1.23)。

图1.15 电话亭

图1.16 电话亭

图1.17 电话亭

图1.18 电话亭

图1.19 悬锁桥

图1.20 悬锁桥

图1.21 儿童游乐设施

图1.22 儿童游乐设施

图1.23 电话亭

（五）艺术化与景观化

现代公共环境设施设计已不单单是孤立的单一化的产品设计，它已越来越融入环境的整体设计之中，越来越重视单一产品设计后的规划与组合，每一产品设计也不仅限于一种形态与色彩，而是形成一个系列。比如同一造型的果皮箱的设计，在色彩上就可以多样化些，多种多样的色彩，置于某一场景，在大环境中起到了调节作用，活跃了景观的氛围。再如自行车存放架的设计如与花架、媒体广告、休息坐椅很好的结合，不但起到了规范自行车的无序停放的作用，更起到了扩展景观空间、美化环境的作用。在环境设施的规划设计上，坐椅、果皮箱、路灯等也不仅仅限于满足功能的需求，

如，路灯应按理论光照计算，需多远放置一个，坐椅、垃圾筒多远距离才合理，而是更加艺术化、景观化来处理。荷兰阿姆斯特丹的一个广场设施，在广场一角，同一款式不同色彩的坐椅、果皮箱形成了一个疏密有致的区域，使人赏心悦目，耳目一新，打破了常规设置概念。由此，我们可以看到，公共环境设施走向艺术与景观化是必然的趋势（图1.24）。

第三节 我国公共环境设施存在的问题

目前，我国公共环境设施开发与设计刚刚开始，同发达国家相比，无论是开发的广度还是深度、设计的形式和制造工艺水平还相差甚远。可喜的是有些大城市的设施设计已经引起有关部门的注意，但开发的面较窄、品种单一，仅限于汽车亭、电话亭、自助提款机等几个方面。还没有专门的设计人员来从事这一课题的设计研究，就管理方面来讲也不尽如人意，公共环境设施设计种类

繁杂，没有专门的部门来统一规划与管理，处于一种杂乱无序的状态。

由于没有训练有素的专业设计人员来设计，所以形式陈旧、设计不到位、不成熟、缺少灵性与创意。工业化技术手段的落后，也制约了公共环境设施设计的发展，工厂加工成本高，工艺粗糙，没有形成标准化、构件的互换性等。

国外百货商店里还有卖自行车停放架，说明他们的公共环境设施已经产业化了，相比之下，我国在此领域还没有形成生产开发上的产业化、商业化，这是很值得引起注意的问题。

城市发展建设日新月异，居民小区开发建设越来越美，但城市配套设施设计开发严重滞后，没有跟上发展需求，使城市文化、小区景观建设大打折扣。缺少人性化设计，这是目前国内设施设计的一大缺憾，如火车站过多的上下阶梯、过天桥，给旅客造成极大的不便，对此我是深受其害。路标指示不明确，如高速公路、市内街道的方向指示牌功能不明确，在街道公共场所没有供人休息的坐椅、免费的儿童游乐场所等。马路上没有或很少设有专门为行人设置的红绿灯，人行道上也很少设置阻车柱，时有造成汽车上人行道撞伤、撞亡人的悲剧发生。总之，设计上没有考虑为人的设计。

尽管公共环境设施在我国个别设计院校系刚刚引入教学，并起到了积极的作用，但有关管理部门与工厂等生产部门脱节，没有建立好的协作关系，这也是应该改进的方面。影响公共环境设施开发设计的因素很多，但这个领域的开发前景好，只要我们平衡好各种关系，通过各方面的努力，我们就会把公共环境设施开发设计好。

图1.24

012

中國高等院校
THE CHINESE UNIVERSITY
21世纪高等教育美术专业教材
The Art Material for Higher Education of Twenty-first Century

CHAPTER

单体设施设计
公共环境设施的系统规划设计
公共环境设施的分类设计详述

公共环境设施
的 设 计 分 类

第二章　公共环境设施的设计分类

第一节　单体设施设计

这是公共环境设施设计的核心部分，由于公共设施是一个非常大的系统工程，所以我们从功能和适用的环境把它划分为以下几类：

（一）交通系统(图2.1~2.5)

1. 公共汽车站
2. 小汽车立体活动停车场
3. 高速公路收费站
4. 加油站
5. 自行车存放处
6. 警亭
7. 阻车柱
8. 人行道护栏
9. 交通信号灯
10. 人行通道

图2.2

图2.3

图2.5

（二）信息系统（图2.6~2.9）

1. 电话亭
2. 邮筒
3. 导示牌
4. 广告牌
5. 看板

（三）购物系统(图2.10)

1. 售货亭
2. 书报亭

（四）卫生环卫系统（图2.11~2.15）

1. 公厕
2. 垃圾回收站

图2.1

图2.4

3. 果皮箱

4. 饮水机

（五）游乐系统(图2.16~2.24)

1. 游乐设施

2. 儿童游具

（六）休息系统（图2.25）

1. 休息亭

2. 休息桌椅

（七）观赏系统(图2.26~2.30)

1. 花坛

2. 水体

3. 观赏钟

4. 景观雕像

5. 绿色植物

（八）照明系统（图2.31~2.34）

1. 路灯

2. 庭院灯

3. 景观照明

图2.7

图2.8

图2.9

图2.6

图2.10

图2.11

图2.12

图2.13

图 2.14

图 2.15

图 2.16

图 2.17

图 2.18

图 2.19

图 2.20

图 2.21

图 2.22

图 2.23

图 2.24

图 2.25

016

图 2.26

图 2.32

图 2.33

图 2.27

图 2.30

图 2.34

图 2.28

（九）自助系统（智能系统）

（图 2.35～2.39）

1. 自动售货机

2. 自动提款机

3. 自动电脑网络查询机

4. 自动找零机（硬币）

5. 自动公厕

6. 自动售票机

7. 自动售报机

8. 自动测高机、测重机等

图 2.29

图 2.31

图 2.35

图 2.36

图 2.37

图 2.38

图 2.39

图 2.40

图 2.41

图 2.42

图 2.43

第二节 公共环境设施的系统规划设计

一、公共环境设施的系统规划设计指单体的设施设计通过系统的规划所形成的与环境相协调的整体设施设计。它包括:

1. 广场环境设施系统规划设计

2. 车站设施系统规划设计(图2.40~2.41)

3. 道路交通设施系统规划设计(图2.42、2.43)

4. 旅游景点设施系统规划设计(图2.45)

5. 儿童游乐场设施系统规划设计(图2.46~2.48)

6. 乐园、主题公园设施系统规划设计(图2.49~2.51)

7. 公共室内外局部空间设施系统规

图 2.44

图 2.45

图 2.46

图 2.48

图 2.49

图 2.50

图 2.51

划设计

二、公共环境设施规划设计要点：

1.公共环境景观是由自然景观与人文景观构成的，自然景观是天然自成的，由山形、江河、水体、地势、天空、绿色植被、岩石等构成的。人文景观是由建筑物、广场、道路、公共设施及动态的车体、人流所构成。所以设计和规化设施是要以整体的环境来作规划设计，要与周围的景观要素的形态、色彩、环境统一考虑发挥自然力量特色增色景观设计。

2.要注意功能分区、空间的组织，规划要进退有序、高低有致、开合有法、曲折有度等的科学要素的把握，同时要注意空间的节点处理，注意设施规划的连续性、延伸性，总体的节奏感及艺术性的把握，形成既有文化特色又统一的整体的景观艺术效果。

3.在规划时对环境状况和人的行为习惯进行调研，环境有什么特征，是何性质的设施规划，使用者的构成成分如何，

图 2.47

是年轻人、老年人还是儿童，还要考虑使用人群的文化素养，民族宗教意识。

4.一年有四季、雨雪、日出、日落，所以环境设施设计要考虑时间、空间的关系，从空间的因素来讲，如设施设计所处的位置，是高山还是平原，是水边还是凹地，是南方还是北方，拿我国来说，北方冬季时间长，日照短，温度低，故色彩设计应考虑以暖色为主、冷色为辅的设计原则，同时还要注意明度不要太高，以免设施的色彩与冬季环境平淡的白色形成一体没有变化。设施设计要注意防寒保暖，如公共汽车站，南方以及内陆沙漠由于气候炎热，光照强，易造成人们的情绪不稳定，因此有些设施设计要考虑运用高明度且色彩淡雅些的，同时考虑南方的梅雨、潮湿的气候设施设计，如电话亭要考虑空气的流通问题。

5.平面图可以使设计师对设计有个总体的客观把握，可以使众多的不同功能部分通过有组织规划组成有序的合理空间，平面图有助于我们的研究规划各要素的相互关系，相互作用。总体空间的位置限定了设施形象的确立，有助于设施整体关系的建立，进而使设施的设计进一步得到完善。

6.设施操作的可行性，设施设计是概念型的，还是应用型的，制作的工业技术成本材料的运用都应考虑。安全性人性化考虑要注意人性化的处理是否对人产生使用上的危害，是否考虑残疾人、老人、儿童工的使用。

7.政策法规的执行，是否符合国际化。

8.民风与特色，因地制宜，根据地方的地理环境、风土人情、地方特色风格特点的规划设计公共设施，以便形成当地

的风格特征。法国巴黎法方斯新区的环境设施设计无微不至，无论是单体的设施设计还是规划的系统性，可谓是公共设施设计的典范(图2.52～2.67)。维莱特公园公共设施规划设计，是解构主义建筑大师伯纳德·屈米的代表作品，屈米运用解构主义的"不系统性"和"不完整性"的处理手法，创造出有别于传统公园自然景物化的"文化景观"设计。在形态设计、色彩处理上与巴黎雅致的古典环境产生强烈的反差。他把形式的追求视为第一设计要素，形式游离功能，把设计上的意念通过点、线、面的几何化的组合、穿插求得形式上的独特性。设计有貌似零乱，而实质有内在的结构因素和总体性考虑的高度理性的特点(图2.68～2.79)。

9.是否考虑无障碍的问题。

图2.53

图2.54

图2.52

图 2.55

图 2.56

图 2.57

图 2.58

图 2.59

图 2.60

图 2.61

图 2.62

图 2.63

图 2.64

图 2.67

图 2.69

图 2.65

图 2.68

图 2.70

图 2.66

图 2.71

图 2.72

图 2.73

图 2.74

图 2.75

图 2.76

图 2.77

图 2.78

图 2.79

第三节 公共环境设施的分类设计详述

（一）自行车停放功能设计

自行车的停放方式是多种多样的，应依不同的街区功能及地理环境，设置不同的存放方式及形式。设计的形式多种多样，有轻巧型，可以是有棚的，也可以是防风、遮雨、防晒型的，大型存车处，可以是平面、立挂、悬垂、重叠等形式。在空间狭小区也可以采取空间发展型、立体型这样可以大大地节省空间。在设计上还可以结合媒体做些商业广告，以此作为自行车存放设施的维修养护之用。另外还可以同其他设施，如花池、水体等设施结合设计以节省空间、创造出新颖的形式，还可以设计出具有开拓型的产品，如有自锁功能的、投币式的等等。自行车的停放方式与功能是多种多样的，应依不同的街区、道路及地理环境设置存放形式。自行车存放设施可以分为以下几种方式：

1.适用于小区类型的，这种类型包括两种形式，一种形式是集中存放的车库型，具有长期存放功能，室内外均可，在室外多为有棚式，具有遮阳、防寒、保暖功能，这种存放方式一定要很好地利用空间，便于存取。另一种就是轻便型的小巧式，色彩鲜明，形势感强，对景观有点睛的效果。

2.适用于学校、机关、企事业单位型的，这种形式多为白天上学或工作时的短期存放，多为集中式和有棚式，设计上要考虑空间的利用。

3.适用于一二级马路型，这种形式多为排列式，主要是临时用，存放功能主要起到规范美化作用，使自行车的停放有规矩、整齐划一，可以是简易的有棚式或无棚式。

4.适用于商业网点、商场、步行街，这种多为无棚式。

5.适用于大型超市、市场、汽车停车场等环境的，这里场地大、存车多，设计时考虑的因素要多些，岛式、横排式等多种多样，还要有标识牌、照明设施和其他配套设施等。

自行车存放设施的外观效果主要取决于设施的总体形态、比例、材质的选用，色彩的运用等。自行车停放的车数应整齐划一，不影响景观，最好是以每十台一组，使停车场井然有序，以便减少街道景观的混乱（图2.80~2.82）。

下面数据、图形是自行车各种停车方式的基本尺寸，是设计存放自行车的参考尺寸：

图2.80

图2.81

自行车存放设施占地面积尺寸图

	平面停车	立挂停车	悬挂停车	角度停车（45°）	角制停车（圆形）	重叠停车
占有面积m²/1台	0.6 × 18.6 = 1.1	0.6 × 1.56 = 0.936	0.6 × 0.95 = 0.57	1.36 × 1.36 = 1.86	1.34	0.4 × 1.7 = 0.68
占有面积m²/1台	1.1 × n	0.936 × n	0.57 × n	(n−1) × 0.4 × 1.36 = 1.36	1.34 < n	0.68 × (n−1) +1.1

图 2.82

（二）导示系统设计

导示系统设计：导示系统是广泛应用于城市公共环境和公共活动场所中必须的设施，是由视觉传达设计、产品造型设计与环境设计统一构成的综合体，具有引导方位、指示方向、传达信息的功能。除了要以工业化手段构建出基础造型平台外，上面还要由文字、标记、图形符号构成平面化的信息传达语言。导示牌的设计追求造型简洁、易读、易记、易识别的特点，不同的功能、不同的位置、不同的流线、空间需要不同形态尺度的导示设计。导示系统在城市交通标识中体现得最为直接，其首要任务是迅速准确地传递信息，以此来解决交通问题。导示系统标识一般设在如下位置：

1. 交通环境中的醒目位置：如道路交叉中、交通环岛、道路绿化带。

2. 入口。

3. 建筑立面。

4.环境及建筑局部，如楼梯缓步台、窗口、地面、车体上。从结构和形态上可分为：壁式、镶嵌式、悬挂式、悬挑式、落地式、敞开式、封闭式等类型。导示系统的设计应细心经营，无论是字体的大小，还是版式的排列方式，设置的方位，还是视线的远近，夜间的可视性等。如位于高速公路旁的标识设计，由于车速快、空间大、建筑物少等原因，设计上要注意视觉冲击力要强，文字要大而少，传递的信息要明了。而步行街的导示牌由于空间尺度小，距人的视点近，人流行走慢，且可驻足观看，故标识设计尺度可小些，文字图形可表现相对丰富些。同时现代技术的发展给传统的导示系统带来了很多意想不到的表现手段，设计上可进行多种尝试，如电子滚动信息系统、交互式电子触摸系统等，是信息量非常大的新装置（图 2.83~2.90 ）。

图 2.85

图 2.83

图 2.86

图 2.84

图 2.87

图 2.89

童想象力的因素，低幼儿的设施旁应放置一些成人坐椅，可放置一些包裹之类的地方。儿童游乐设施旁最好设有饮用的水源，如饮水机和能游戏用的水体，这样儿童玩耍时，既能方便游乐，又能清洁卫生。同时要充分利用自然的地形、地貌等要素，如木头、沙子、水、植被、坡地等要素来设置设施。还要为孩子们提供再创造的条件，以此开发儿童的智力，增加设施的趣味性。要尽可能地使游乐设施的设计元素丰富多样，如秋千、滑梯、爬杆、吊环、吊桥等传统方式与现代技术手段恰当安排，合理分配布局。以增加孩子的乐趣，满足不同年龄段儿童的需求(图 2.91～2.98)。

图 2.88

图 2.90

图 2.91

图 2.92

（三）儿童游乐设施

　　儿童游乐设施除了提供儿童游乐、玩耍场所，还需在儿童的智力、社交、情绪以及生理发展方面提供必要的协助。游乐设施的设计首先要保障的一点就是儿童的安全性，这种安全概念不仅从人机工程学的角度更从儿童的心理活动和行为活动紧密相连。如设施上的配件钉子、螺栓等不能抓住儿童的衣物、身体，地面要有软材料的保护，如沙子、树皮、橡胶等，在高出地面的设施上应加上围栏以防止儿童的跌落。游乐设施设计还应加入一些激发儿

图 2.93

图 2.94

图 2.98

（四）电话亭

电话亭主要由电话机、隔断、可放置小物品的台面、话机挂架等构件组成，形式有封闭式、半封闭式、敞开式三种。封闭式电话亭满足了人的心理与生理的需求，私密感强；隔音效果好，使用率高，但占地面积相对较大。半封闭或敞开式电话亭，灵活方便，占地小，但隔音效果差。电话亭的设计要注意采光，内设灯光以便夜间使用，同时，采用透明材料，如钢化玻璃，以利用自然采光，减少人的心理局促感，同时又满足了私密感。封闭式电话亭在设计上还要注意空气的流通。

图 2.95

图 2.96

图 2.97

图 2.99

方位最好设置在空地、绿化带角落、墙体等处，但要避免死角，并要注意多个电话亭的并置组合的形式美（图2.99～2.102）。

图2.102

图2.100

图2.103

图2.104

图2.105

（五）公共汽车站

公共汽车站是人等候汽车的空间，要具备休息坐椅、行车地图、站牌及基本使用功能和现代电子系统来显示车行的状况。有防晒、防雨、防风功能，高寒地区也可考虑防寒，还要有坚固安全的功能，在设置上要注意体量的大小得体，过大的尺度会阻挡人的视线，破坏周围的整体环境，并造成人的心理不安全的感觉，同时在设置上要注意人流的通畅，还可与其他设施，如阅报栏、坐椅、果皮箱、广告媒体、安全护栏等结合，还要考虑配合绿植，加强识别性，车站设置不要占用人行道，以保证行人的方便（图2.103～2.106）。

图2.106

（六）垃圾站、果皮箱

垃圾站、果皮箱的设计是最易被人忽视的设施，设计结构上要便于垃圾的存放、取出，形态上要避免死角，材料肌理处理上以小肌理或光面处理为宜，果皮箱

图2.101

的内部结构要设置一次性的塑料袋，垃圾站设计可以分类设置，可分为可回收、不可回收等（图2.107、2.108）。

图2.107

图2.108

（七）坐椅

坐椅可以说是人交往空间的主要设施，可以分为舒适型与非舒适型两种，舒适型便于长时间休息使用，非舒适型坐椅为临时性休息用，设计者不需要使用者得到长久的停留，而设计的一种障碍性设计。坐椅的设置要注重人的心理感受，一般设置在有安全感的地方，背景环境的边缘，面向视线好，人的活动区域，同时也要考虑光线、风向标识牌等因素。也可与其他设施如花池、水池等结合，进行整体设计。坐椅附近最好有饮水机、果皮箱等公共设施（图2.109—2.111）。

图2.109

图2.110

图2.111

（八）观赏设施

主要功能是美化环境，观赏设施往往形成环境中的主体，常设置在引人注目的地方，观赏设施一般有观赏水体、雕塑、观赏钟等等。水体是景观设施中不可或缺的重要元素，它能为景观增色，为景观赋予灵性，水的可塑性极强，我们可以发挥出自己的想象力，水的视觉功能和使用功能得到充分的展现。可使水的形式为直瀑布叠水、喷泉等（图2.112）。

图2.112

（九）公共电话机设计

公用电话以消费方式大致分为三大类：①IC卡式电话，②磁卡电话，③投币电话。

公用电话要考虑到它的公有性，地区固定性与抗损性。基于以上几种特征，公用电话具有：可视功能、可上网浏览购物功能、可发出电子函件、可翻译不同地区语言的功能、夜间荧屏可视功能、与有触摸屏交互界面，使人机交流更方便、快捷。可以有不同的消费方式供选择，如IC卡、磁卡、投币都可在一机上使用，这样可大大方便消费者，并提高公用电话的使用率。产品内部结构采取集成电路块组合形式，既可以节省大量空间，加快传输速度，对于拆、装、组合、维修都很方便（图2.113~2.115）。

1.按键的设计

按键的尺寸应按手指的尺寸和指端弧形设计。键盘上若需字母和数字时，它们应符合国家标准和国际标准。同样，键盘的布局也应如此。按键只允许有两个工位，可按不同用途给每个配以不同颜色。按键应该能够可靠的复原到初始位置，并能对系统的状态做出显示。按键的形态设计一般应为圆形或方形。为使操作方便，按键表面设计成凹形。

2.入卡口

入卡口在考虑稳定性的同时，兼顾其入卡和取卡时的方向和力度，用辅助形态导入卡片，并配以方向箭头示意。

3.话筒

话筒的形态及色彩要与机体相协调，并有所区别，话筒设计的必要条件。

（1）用触觉能识别。

（2）对必要的用力有适当的大小。

（3）表面不容易滑动。

（4）有方向性把手形状要考虑用力的适中外形。

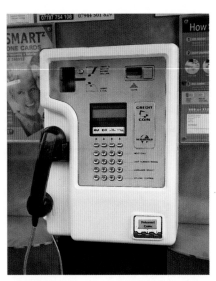

图2.114

图2.115

（十）公共直饮水机设计

公共直饮水机是指设在公共场所，方便人们饮水的公益设施。一般可分两种形式：点式和终端式。1.点式——指在公共直饮水机内装有专用水处理系统，将自来水处理净化，去除水中的细菌、病毒菌、重金属、氯、异味、杂质等有害物。国家规定标准的直饮水机其特点是安装方便，位置可根据需要随时调整。2.终端式——直接与分质供水设施相配套，将集中处理后的纯净水通过专用管道输送到各个公共水点。随着城市配套设施的发展和完善，终端式公共直饮水机将是一个发展方向。公共直饮水机不仅适用于广场、步行街、旅游景点、公园等室外公共场所，也可设在市场、银行、医院等室内人流密集处，方便人们直接饮用纯净水。纯水的过程：导水——出水——饮水——接水——下水——净水——回收再用。

（1）导水：人们用身体或身体的某一部分控制饮水机，使其按人的需要出水或闭水，出热水或冷水，温水。其包括感应式，脚踏式，手动式，IC卡智能式等。

（2）出水：饮用水出口。即水龙头或喷水装置。

（3）饮水：使饮水机各部分具体尺寸与功能符合人机工程学原理。

（4）接水：承接水流，不使水浸湿衣物。

（5）下水：使废水按规定的管道导出。

（6）净水：除去水中的菌类和病毒有害无机物质、杂质等,进行滤化包括紫外线杀毒纳滤，反渗透，臭氧除菌等。

（7）回收再用：把经过滤而纯净的水

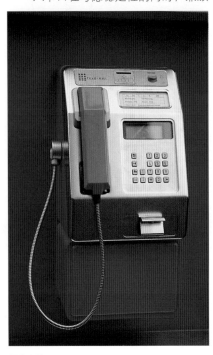

图2.113

图2.116

图2.117

由水厂又循环流向各饮水机（图2.116、2.117）。

（十一）户外照明设计

户外照明的设计应考虑人的生理反应和心理感受，尽量减少光污染对人体的危害。第一类是以功能为主的公共灯具，这一类灯具主要以实用功能为主负责照明，例如路灯、十字路口的主灯、广场探明灯等等。另一类是以形式为主，这类灯具造型独特、形式新颖，具有装饰性的特点，对整体环境起到一定调节作用，其照明的功能反而是次要的。例如公园观赏灯、建筑造型灯、草坪灯等等。

人的视觉功能依赖于环境的照明，即光环境，因此光环境的好与坏对人生活有着至关重要的影响。在视觉环境中，人的眼睛对环境的明暗、色彩的感觉，是通过视网膜感受到神经传导到大脑后产生的反应。光线是视觉神经感受的唯一条件，因此灯光所处的环境，光源类型的选择，光源的角度、距离、方向，光的照明质量等，如何使人处在舒适的光环境中，是灯具设计的首要因素，如果整个环境亮得不恰当的话，光就失去了意义，因为恰当的灯光不只是照明，还可以增加生活的舒适度，因此，在灯具的设计中，应考虑人们心理上和生理上的反应，应减少直接用光。直接用光对视觉常造成压迫感，因此，理想的灯具设计不会清楚地看到光源，这样就避免灯光因为过亮而造成头晕目眩。设计时，应考虑其灯光柔和明亮，有针对的场合和使用人群，尽量减少光污染对人们的危害，以提供舒适的视觉环境。

灯具的采光方式有很多种，因采光方式的不同会营造出不同的气氛，通过不同的采光方式，可以让人融入灯光所营造的环境氛围中去。直射式采光，场面明亮、热烈，适用于广场、运动场所。折射式采光，通过光在透明物体中的折射，达到一种特殊的效果，适用于装饰性灯具的应用。反射式采光，光线比较柔和，适用于路面灯、草坪灯等灯具。采用何种采光方式主要考虑环境的需要以及人的心理状态，比如，公园是供人休闲的场所，其辅助的照明应尽量营造出一种温馨的氛围，最好采用相对柔和的采光方式。

灯具光源颜色的应用，从某种意义上说可调整人的心理状态，现在人们的生活节奏不断加快，精神上处于一种紧张的状态，而灯光的颜色使用适当，从某种意义上说可在一定程度上减轻人的压力，调整人的情绪，这时所说的灯光的颜色主要涉及到光的冷暖，暖色光让人感到和谐、温暖，而冷色让人感到清凉、舒畅，光因冷暖变化而对人的视觉感受的影响应充分利用到设计上去，让灯具也能起到调节人们情绪、减轻工作带来的压力，这才是户外照明所需要的（图2.118～2.122）。

图2.118

图2.119

图 2.120

图 2.121

(十二)垃圾回收系统设计

1. 城市垃圾的具体分类

食品垃圾:指人们在买卖、储藏、加工、食用各种食品的过程中所产生的垃圾。

①普通垃圾:包括废弃纸制品、废塑料、破布及各种纺织品、废橡胶、破皮革制品、废木材及木制品、破玻璃、废金属制品及尘土等。

②建筑垃圾:包括泥土、石块、混凝土块、碎砖、废木材、废管道及电器废料等。

③清扫垃圾:包括公共垃圾箱的废弃物、公共场所的清扫物、路面损坏后的废物等。

④危险垃圾:包括干电池、日光灯管、温度计等各种化学和生物危险品,易燃易爆物品以及含放射性物的废物。这类垃圾一般不能混入普通垃圾中。

2. 垃圾的分类回收

垃圾的分类回收具体分为以下几种:

①(蓝色)可回收垃圾:纸类、玻璃、金属、塑料、橡胶、竹木制品、纺织品等。

②(黄色)不可回收垃圾:残羹剩饭、菜叶、果皮等厨房垃圾和灰尘、杂草、枯枝等。

图 2.122

③(红色)有害垃圾:日光灯管、电池、喷雾罐、油漆罐、废润滑剂罐、药品、药瓶、涂改液瓶、过期化妆品、一次性注射器等(注:不同的颜色代表了不同的垃圾类别)。

3. 垃圾回收系统设计

如何处理城市垃圾,是一个令现代社会头痛的问题。我国的部分城市目前正在实施垃圾的分类回收,这无疑促进了城市的发展,但是目前的垃圾分类回收中还存在着一些亟待解决的问题。

(1)以往垃圾回收站的一些问题与不足:

①垃圾回收站多为露天结构,垃圾与空气直接接触,而垃圾产生的废气对周围空气势必造成污染。

②分类回收的垃圾桶多为开放式的结构,容易被一般人群接触到,从而影响垃圾分类回收的质量。

③垃圾回收站多为地表式或悬空式,外形过于简单,功能不够合理,对周围的空间有一定的负面影响,而且有碍观瞻。

④垃圾的存放空间不够合理,不能把垃圾存放过程中产生的废气进行无害化的处理。

⑤垃圾转移的过程中很容易散落垃圾,造成对环境的污染。

(2)地下垃圾分类回收站的初步构思与具体解决方案:

①为了避免垃圾回收站对周围环境造成二次污染,将垃圾回收站改建在地下,这样既可以避免二次污染,又不影响周围环境的美感。

②为了将垃圾与一般人群隔离开,所以垃圾桶的开放方式可以采取封闭式的结构,配置上高科技的红外线感应头,

既可以与一般的人群分离，又可以减少垃圾对周围环境的影响。

③地表式和悬空式的垃圾回收站很难给人干净整洁的感觉，所以垃圾回收站设置在地下，既可以减少垃圾站的负面影响，又可以让周围的环境更加和谐统一。

④垃圾在存放过程中会发生腐烂霉变等现象，同时会产生一定量的废气，地表以下的温度要低于地表以上的温度，这样可以减缓腐烂霉变的时间。如果再配备上专用的制冷系统，就可以基本上杜绝短时间内垃圾腐烂霉变的几率。

⑤如果在垃圾存放过程中不可避免地产生了一些废气，我们可以在封闭的垃圾桶上配备一个通气孔，这样就可以基本解决废气的问题了。

⑥垃圾的转移过程中，可以采用全封闭的转移过程，通过专用的垃圾通道和专用的管道接口方式，将垃圾桶与垃圾运输车进行完全密封的对接，这样就完全地避免了垃圾运转过程中对环境造成的不必要的污染。

⑦垃圾回收站使用的生活垃圾容器的位置要固定，既应符合方便居民和不影响市容观瞻等要求，又要利于垃圾的分类收集和机械化运输。所以垃圾回收站应设置在对居民区影响相对较小的位置，并且在垃圾站附近应进行一定的绿化和建设，使得垃圾站更加贴近人们的日常生活。垃圾站还配备专门的垃圾回收车，可以与垃圾贮存空间进行完全对接，进而避免了垃圾转移的过程中的二次污染问题。

城市垃圾的分类回收是解决城市垃圾问题唯一的、有效的、根本的出路，只有在真正意义上实现了垃圾的分类回收，我们才可称之为"绿色回收"（图2.123～2.125）。

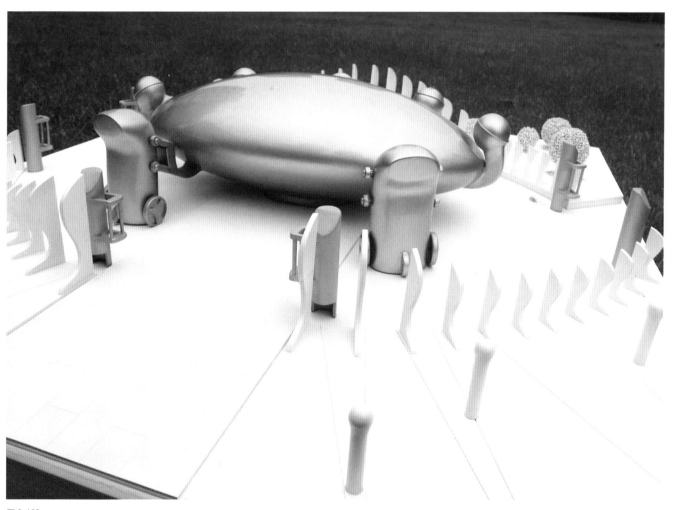

图2.123

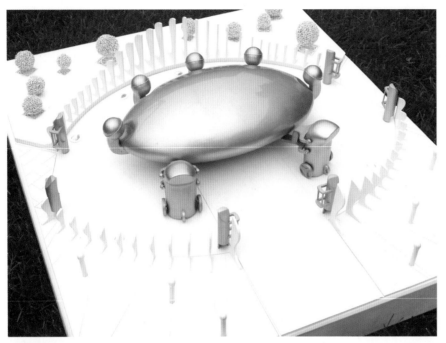

图 2.124

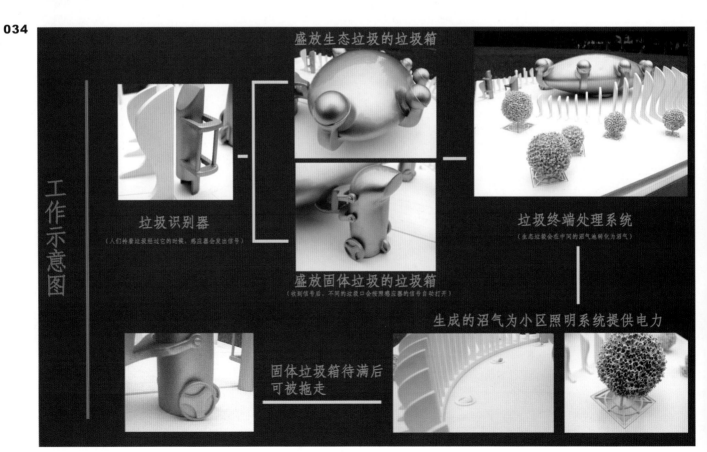

工作示意图

垃圾识别器
（人们将着垃圾经过它的时候，感应器会发出信号）

盛放生态垃圾的垃圾箱

盛放固体垃圾的垃圾箱
（收到信号后，不同的垃圾口会按照感应器的信号自动打开）

固体垃圾箱待满后
可被拖走

垃圾终端处理系统
（生态垃圾会在中间的沼气池转化为沼气）

生成的沼气为小区照明系统提供电力

图 2.125

中國高等院校

THE CHINESE UNIVERSITY

21世纪高等教育美术专业教材

The Art Material for Higher Education of Twenty-first Century

CHAPTER

材料运用

材料性能详述

公共环境设施
的材料及工艺

第三章　公共环境设施的材料及工艺

第一节　材料运用

一、材料运用应考虑到环保因素。随着工业的高度发展，人类赖以生存的环境也日益恶化，强调环保是当今世界的一个主题。作为设计师，在产品设计过程中应对材料运用进行控制，对环境不利的不可回收性材料、有毒材料等等要杜绝使用。

人类对自然资源的过量开采已导致地表的严重破坏，木材的供不应求已导致森林面积不断减少，在考虑材料运用的过程中，要尽量少地直接使用一些自然资源，如木材，而应多考虑一些高科技合成材料，这样既有利于规模化生产，又避免环境遭到人为的破坏。

二、设计中要考虑到各种材料的特性。比如可塑性，工艺流程，表面质感等等。这样根据不同材料特征去进行外型的设计，才不至于设计的方案受材料的限制而不能成型。比如说石材大都是切割、雕刻、打磨等手工工艺的方式来完成造型。

三、设计中要考虑到材料成本。公共设施，虽然并非营利性的商品，但其制造成本也必须考虑如何巧妙地利用廉价材料做出好的作品，这里面有许多的学问。

制造成本的预算是否合理也是一个设计作品能否最终变成一件工业产品比较关键的一步。比如高新技术，新材料如何尽快地应用到设计中去。

四、材料的二次组织运用不同的材料有其自身的特点及美学特征，这种美学特征体现于材料的结构美、物理美、色彩美。运用材料应尽可能地挖掘材料自身的个性属性与结构性能，体现出物体美。同时应关照材质的肌理，表面工艺不同材料的肌理就不同，肌理对人们的视觉作用不同给人的感觉就不同，表面粗糙的材料与表面细腻的比，粗糙的体感强，粗壮有力，适用于大设施，细腻的给人的感觉比较精致，适用于小设施。同时材料的运用还要考虑使用者的心理、生理因素，材料所处的整体环境的位置，材料的表面处理有亚光与高光之分，亚光材料更能体现材料的本色，材料的二次组织运用挖掘出材料自身的潜在语言，体现出丰富的层次，随着科学技术的进步，仿天然的材料也在不断地出现，既有天然材料的视觉属性，又有优于天然材料的性能，同时新材料的出现为设计师提供了崭新的创作平台。

材料的运用要注意内外环境的区别，公共环境设施主要是处于外部的公共环境之中，设施选用的材料要经得起风吹、日晒、雨打等自然的浸蚀，甚至人为的破坏，最大限度地适应外环境的需求，特殊需要，如木材，也需很好地进行防腐、防潮、防火等技术处理。所以外环境设施的材料选择要有的放矢，以便提高设施的耐久性和降低维修费用成本(图3.1、3.2)。

图3.1

图3.2

第二节 材料性能详述

(一)金属材料

金属可略分为铁金属及非铁金属两大类。前者如不锈钢、铸铁、高碳钢等，硬度高、沉重，后者则以含有铝、铜、锡及其他轻金属的合金为主，硬度低但弹性大。金属的加工方式主要可分为铸造（如砂模铸造、离心铸造、连续铸造等）、粉末冶金、热作（如滚制、锻造、挤制等）、冷作（如抽制、挤压、扳金、冲压等）、熔接（如气焊、电弧、电阻熔接）等五大类，常用作设施的金属材料有不锈钢管、铁管、钢板等，通过熔接、铸造、构造连接等方式。当然金属材料还可以与其他材料结合使用，如石材等（图 3.3~3.5）。

1.不锈钢

不锈钢亚光和高光的纹理质感，具有精密、高科技之感，在公共设施设计中常用于构件、细部的设计中，起到画龙点

图 3.4

图 3.5

图 3.7

图 3.8

图 3.9

睛的作用（当然大面积的运用一定要慎重，图 3.6~3.8）。

2.铸铁

铸铁是一种铁合金材料，通过烧沸、浇注预制模具中，脱模形成形态。铸铁装饰品具有典雅美感。常用于扶手、门饰、坐椅等具有古典风格的设施设计中（图 3.9）。

图 3.3

图 3.6

（二）天然石材

大理石，质地组织细密、坚实、花纹多样、色泽美观、抗压性强、吸水率小、耐磨、不变形、可磨光等优点。但大理石板材硬度低，不耐风化。花岗岩，包括各种花岗岩、拉长岩、辉长岩、正长岩、闪长岩、玄武岩等，特点是质地坚硬，构造致密，耐磨、耐酸碱、耐腐蚀、耐高温、耐阳光晒、耐冰冻，可磨平、机刨、抛光。石材可与金属构件结合使用，可产生很好的功能和效果（图3.10～3.13）。

图 3.12

（三）人造石

人造石，是人造大理石和人造花岗岩的总称。属水泥混凝土或聚酯混凝土的范畴。人造石花纹图案可以人为控制，且重量轻、强度高、耐腐蚀、耐污染、施工方便、个性强、花色图案可以人为控制的特点。现代技术的进步使人造石的概念得以外延，产品进一步地扩大，例如以废旧玻璃为原料生产的混合人造石给人造石家族增色不少，它具有半透明、彩画、放光、磨砂等多种形式，色彩种类较多，具有美观、实用、清洁、安全环保、运输方便等特点，为公共设施设计提供了更大的材料选择空间。

（四）玻璃

玻璃，种类很多，按其化学成分有钢钙玻璃、铝镁玻璃、硼硅玻璃、钾玻璃、铅玻璃和石英玻璃等。按功能分有平板玻璃、压花玻璃、夹丝玻璃、夹层玻璃、钢化玻璃、中空玻璃、热反射玻璃、吸热玻璃、光致色玻璃、涂膜玻璃等。玻璃是一种重要的装饰材料，它的用途除透光、透视、隔音、隔热外，还有艺术功能，并有吸热、保温、防辐射、防爆等特殊用途。玻璃是极富灵性的现代建筑装饰材料，它可以很容易融入各种环境，达到与环境的协调，玻璃表面可以采用喷砂、雕刻、酸蚀等工艺手段来处理，具有很好的艺术效果，现代玻璃的开发种类很多，已从单一的平板玻璃，发展到镜面、异形、曲板等种类。玻璃的利用面很广，建筑外墙、隔断、地面、吊顶、艺术品等（图3.14、3.15）。

038

图 3.10

图 3.11

图 3.13

图 3.14

图 3.16

图 3.15

图 3.17

图 3.18

（五）复合材料

复合材料，是把一种材料用人工方法均匀地分散在另一种材料中，以克服单一材料的某些弱点，发挥综合性能特征。复合材料一般是由高强度、高模量和脆性很大的增强剂与强度低、韧性好、低模量的基体组成的。常用玻璃纤维、石灰纤维、硼纤维等作增强剂，用塑料、树脂、橡胶、金属等作基体，组成各种复合材料。玻璃增强树脂（即玻璃钢）就是很好的设施材料（图3.16～3.18）。

（六）塑料

塑料，具有优良的物理、化学和机械性能，质轻而无色透明，可以任意着色，强度高，常温及低温均无脆性。塑料的比重一般约是钢的八分之一到四分之一，是铜的九分之一到五分之一，是铅的三分之一到三分之二左右，这对于运输和组装很有意义，构件化适合批量生产。

现在材料界研究出一种塑料名为PolygieneTM的热固性树脂，这种塑料可以释放出银离子杀死附着于材料表面上的细菌和病菌，该材料抗菌成分均一致分布并被锁定于树脂结构中，对人体无害，非常适于公共环境设施的设计制作和儿童游乐设施（图3.19、3.20）。

（七）混凝土

混凝土，是由沙子、碎石子为骨料与水泥和水混合搅拌而成的一种现代建筑材料。20世纪初钢筋混凝土的出现，给建筑界带来了一场变革，柯布西埃利用混凝土的未干时的可塑性，把它作为一种功能之外的审美表现形式来运用，产生了自然粗犷之美，派生出"粗野主义"的装饰风格。利用模板制作出精密的纹理，但混凝土必须同其他材料结合使用，才能设计出很好的公共设施。利用混凝土可塑性，制作出不同纹理的模板可作出不同效果的设施。

现代科学技术的进步，使传统材料

图3.19

图3.21

图3.20

图3.22

的研究利用得到进一步的提升、发展，能感知环境条件、做出相应行动的智能混凝土就是一个良好的例子，其特点是高强度、高性能、多功能和智能化。这种智能化表现为自感知和记忆、自适应、自修复特性。以此来提高混凝土的安全性、耐久性，确保大型公共设施的安全性、耐久性（图3.21、3.22）。

（八）木材

木材是历史最悠久的天然材料之一。具有亲切、自然、肌理细腻、纯朴之感，性温、易成型，具有良好的弹缩性、湿涨、干缩，但易于变形。现代科学技术使木材

图 3.23

图 3.24

逐渐扩大到木质材料的范畴，包括实体木材、胶合板、纤维板、刨花板、单板层积材、石膏刨花板、水泥、木基复合材料等。是可以多次重复循环使用的再生材料。最常用于与人接触密切之处如坐椅、拉手、扶手、儿童设施等。木材及饰面板的种类繁多、色彩多样，还可根据不同需要染色处理，公共户外设施所用木材要做防腐、防潮、阻燃处理(图3.23~3.26)。

图3.26

中國高等院校

THE CHINESE UNIVERSITY

21世纪高等教育美术专业教材

The Art Material For Higher Education of Twenty First Century

CHAPTER 4

色彩与环境
色彩设计的时代性
色彩设计的识别性与系统设计的统一性
色彩的细节处理

公共环境设施
的色彩运用

第四章　公共环境设施的色彩运用

公共环境设施设计有其特殊性，所以在设施的色彩设计上我们应该从以下几个方面加以考虑。

第一节　色彩与环境

一、室内环境是由墙体、地面、顶棚等界面围合成的空间环境，墙体、地面、顶棚构成了室内硬件环境，室内陈设如家具、织物、装饰品、灯具等构成软件环境，无论是硬件环境，还是软件环境的设计都离不开光线、形态、材质、色彩等基本的物质要素。

二、室外环境是人与自然、人与人、人与社会接触最为密切的地方，构成要素是非常复杂的，其中包括自然环境、人文环境与社会环境。所以，室外环境设计考虑的因素要注意它的动态的多变性与复杂性。

三、前景色与背景色：就室内设计来讲，一般情况下组成空间的墙体、顶棚、地面形成环境的背景色，而家具、灯具、挂画、装饰品、绿植是前景色。室外环境的前景色与背景色要依环境的区域而定。相比较而存在，就城市来讲，建筑、草坪等绿植、道路为背景色，公共设施车辆、人流构成前景色，就住宅小区来讲建筑楼

体与草坪绿植可以构成背景色，而环境设施等构成前景色，前景色与背景色一起组成环境色彩。背景色面积大，色彩一般要沉稳些，前景色面积小，色彩可以鲜亮些，以便活跃环境气氛，有时前景色与背景色可以相互渗透、穿插形成环境的整体色彩。室外公共环境设施的色彩设计首先要纳入人的环境中去考虑(图4.1~4.3)。

图4.1

图4.2

图4.4~4.7展现的是一个兼具东西方园林特色的现代空间景观，通过带有壁画、镜面的墙体组合和水面、曲折的过廊

图4.3

构成一个富有动感的空间环境。墙体镜面与镜面，镜面与水面，镜面、水面与壁画，镜面、水面与实景环境的相互反射、作用，构成了一个丰富多变、虚实相生的环境景观。行走在其中，步移景变，景移情动，虚实相生，使人油然产生一种幻觉的新奇意境，耐人寻味，不忍离去。这个景观式的环境设施并不完全是工业化的市场，有一部分是现场施工的，这种设施体积大，占地广，对环境影响大，设计时就需在色彩上很好地考虑用色不要太纯，要质朴、自然。墙面、壁面上，绿植上的

044

图4.4

图4.5

图4.6

图4.7

鲜花少许纯度高的鲜艳的色彩打破了中性色彩的单一格局，设施置于低矮的绿色坡地环境之中，达到与自然环境完美协调统一。

图4.8～4.21展现的是一个以影视媒介等高科技手段展示未来发展的大型主题公园。建筑依地形、地势而建，空间划分流畅，起伏有序，动静区域功能划分明确，众多形态怪异的有机与无机形态建筑构成层次丰富的空间景观，使游人油然产生进入未来世界之感。园内的绿色构成主体的背景色。色彩规划与设计大胆，视觉冲击力强。高纯度的设施色彩调节大的环境气氛，色彩穿插运用达到完美的艺术境界。

图4.8

图4.9

图4.10

图 4.11

图 4.15

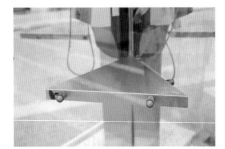

图 4.12

图 4.13

图 4.16

图 4.17

图 4.14

图 4.18

图4.19

图4.20

图4.21

第二节　色彩设计的时代性

公共环境设施主要是解决公共环境中如何满足人的生活需求,提高人的生活质量和生活效率,解决人、产品、环境之间的关系问题。所以说在公共场合中,环

境设施设计一定要使人易辨识、易发现,具有快速识别的特点,方便人们的使用。从视觉心理学的角度来讲,人的信息主要是靠视觉来获得的。色彩是视觉识别的第一要素,所以作为常规的公共环境设施如:电话亭、儿童游具、观赏设施、果皮箱、自动售货机等公共环境设施,在色彩

图4.22

的设计上就要注意这些问题,可以用一些醒目的、纯度略高的、使人易识别的色彩,不同功能的设施,要以色彩来加以区别(图4.22)。

环境设施是一个很大的系统工程,种类繁杂,功能和适用的场所与环境各不相同,生产的厂家也各异,而且分属不同的管理部门,所以色彩设计要加以区分,系统内部的色彩要统一,所以环境设施的色彩设计要基于以下几个方面的考虑。

(一)基于企业的经营理念与产品的经营战略考虑

色彩设计是企业形象设计的一个重要的组成部分,体现着企业的经营理念与文化。每个正规的大企业都有其统一的、标准的、体现其企业形象的色彩设计规范,如麦当劳食品的黄色及红色为主导;柯达公司的黄色,充分表现色彩的饱满、辉煌的特质。所以公共设施的色彩设计必须纳入到企业文化与产品经营战略的框架内来考虑(图4.23)。

(二)基于环境设施的使用功能与心理定位考虑

环境设施的使用功能与性能应该决定设施的色彩设计,所以不同设施色彩的艺术设计与处理必然要有别,比如电话亭、果皮箱、自助提款机、休闲设施等

图4.23

的设计就应有所区别。

人们对不同的色彩引起不同的反映，所以设施设计要明确设计对象，也就是主体的使用人群，以此满足人们的物质需求与心理感受，满足人们的视觉审美需求，引起人们的使用欲望。不同的民族、性格、年龄、性别的人，对设施色彩的喜欢不尽相同，尽管设施的色彩设计不能满足所有人的喜好，但色彩设计上要有从众性，也就是遵从多数人的喜好（图4.23~4.26）。

第三节　色彩设计的识别性与系统设计的统一性

现代公共环境设施设计已不单单是孤立的、单一的产品设计，它已越来越多地融入环境的整体设计之中，越来越重视设施设计的规划组合方式和色彩艺术设计的景观化处理。每一种类的设施设计也不仅仅限于常规的概念化的色彩设计，而是可以形成一个色彩系列，比如同一造型的果皮箱的设计，在色彩上就可以有所变化，这样就可以考虑不同环境，置放不同色彩的设施，在环境中起到了调节环境的作用，景观艺术品活跃了景观气氛。在环境设施的规划与色彩设计上，应该打破程式化的思维定式，如休息设施、路灯等已不仅仅限于满足基本的原始上的按理论上的基本照明的功能需求而设置（图4.27）。路灯的组合打破了常规模式，淡淡的绿色灯具，中黄色的休闲坐椅，绿树木与建筑物形成了富有情趣的境界。人们心理的感官愉悦也非常重要，在规划与设计上我们就应有意识地把它们按照艺术的构成规律来处理、搭配，形成有趣的、景观化的艺术品，这样就很自然地营造出宜人的环境氛围。图4.28是荷兰阿姆斯特丹的一个广场设施设计。这个设施的环境色彩较平稳，在规划与色彩设计上给我们展现了一个令人耳目一新的富于创意的形象，在平淡的环境中形成了一个艺术化的景观。图4.29是汉诺威世界博览会的一个场馆的入口标识设计，这是一个极具创造力的景观艺术品，无论是型的构成方式，还是色彩的艺术处理都体现出设计者的独具匠心，象征地球的、高纯度的、意象化的球体色彩，与几根银灰色的富有动感的体现现代科技的金属柱形成了强烈对比，构成了一个富有个性化的艺术

048

图4.24

图4.26

图4.25

图4.27

图 4.28

景观, 体现出展览的 "人、自然、技术" 的主题思想。

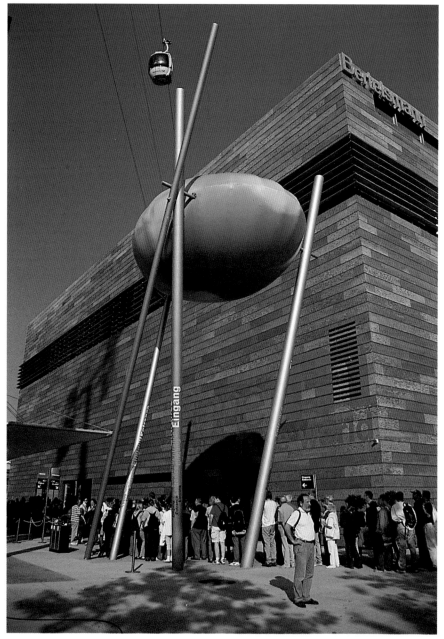

图 4.29

第四节 色彩的细节处理

工业化是工业设计产生与生存的条件, 现代化的公共环境设施设计的工业构件的标准化与模块化是必然的趋势, 构件的互换通用减少了模具的套数。标准化、模块化、多元组合拆卸、装配, 为批量生产提供了捷径, 大大地降低了成本, 所以公共环境设施的色彩设计需适应这特点, 色彩往往在工厂已经处理完成, 不同于建筑、室内外环境装修的现场处理方式。所以在形态设计时就要考虑好各部件的色彩与形态结构关系, 结点方式, 还要考虑各部件的色彩组合效果和产生的多种色彩形式(图 4.30)。

正如一块硬币的两面不可分割一样, 色彩是附着于形态之上的, 色彩先于形态而进入人们的视线。设计首先应考虑形态, 然后考虑色彩与形态的协调关系, 交接、转换关系, 所以在色彩设计上一定要注意细节的处理。

图 4.30

(一) 单色处理

就是色彩的变化不依形体界面的变化而改变, 色彩随形走, 这种方法可以体现出雕塑般的效果, 视觉统一、单纯、简捷, 常见于小型或功能单一的设施设计。但要注意形体的起伏变化与肌理的对比运用，以免造成视觉单调。通常的情况下，一种色彩，一种材料在设施的设计上是不多见的，如果是体感或面积大些的设施也常常用图案或文字来调节（图4.32）。

图4.31

图4.32

（二）多色处理

色彩依设施形态的起伏界面的转折变化而改变，这是常见的处理办法，要注意色彩之间的变换要有界面的转折，材质的变化或结构的自然留缝等工艺处理，还要注意一种设施的色彩不宜超过三四种色，单体设施或设施规划的色彩要平衡好部件关系，注意色彩的穿插、呼应等，以便形成整体统一的设施设计（图4.33、4.34）。

图4.33

图4.34

（三）色彩与材料

不同的材料有其自身的特质和美学特征，这种美学特征体现于材料的结构美、纹理美、色彩美。色彩可以改变材料给人的感觉，在设施设计时应尽可能地挖掘材料的自身属性与结构，体现出材料自身的个性及色彩个性，以此来体现设计者的设计理念与思想。同时，设施的设计还要注意材料的二次组织运用。这样能挖掘出材料自身的潜在语言，体现出丰富的层次与艺术效果。由于公共环境设施主要是处于室外，所以在选择材料与色彩设计时，要进行必要的技术处理，一定要经久耐用些（图4.35）。

图4.35

CHAPTER 5

人的行为与环境场所
人的行为与空间尺度

公共环境设施
与人的行为

第五章 公共环境设施与人的行为

第一节 人的行为与环境场所

澳大利亚的一家会所就人在公共场所的行为进行了一项调查,被调查的人员中,86%的人在中午时间离开单位,55%的人利用开放空间。当问及他们在开放空间的活动时,主要的回答是放松(62%),然后是吃东西(27%)和散步(10%),选择某处最常见的理由是靠近工作场所(60%),接下来是"有树和草",以及"不拥挤"。绝大多数的开放空间使用者希望有附加设施。根据对现代广场用途的调查研究,坐、站、走动以及用餐、读书、观看和倾听等活动的组合,占到所有利用方式90%以上。

公共环境与人们行为的结合构成了行为场所,创造人性化行为场所,必须要有聚集人气的合理的小空间,必须要有必备的设施以便于人的活动和日常的行为,提供必要的条件,做到"人尽其兴、物尽其用"。无论是自我存在的独处行为或公共交往的社会行为,都具有社会为背景的秘密性与公共性的双重品格。人在空间的行为有总的目标导向,但因活动的内容及目的不同,所以呈现出规律性、不定性、随机性等复杂现象。

人在户外活动可以划分为三种类型:必要性活动、自发性活动和社会性活动,每一种活动类型对于物质环境的要求都大不相同,必要性活动就是人们在不同程度上都参与的不由自主的活动,具有功能目的行为,日常生活与生活事务属于这一类,如上学、上班、文体活动、购物、候车等活动。

自发性活动是指人们所有参与的意愿,并且在时间、地点可能的情况下才会产生,这类的活动包括散步、观望、休息等,没有固定的目标、线路、次序等时间的限制,具有随机性。这类活动有赖于外部的物质条件。社会性活动是在公共环境中有赖于他人参与的活动形式多样游戏、交谈,可发生各种环境场所中,如公园、游乐园。

这三种类型的活动决定了人们在公共环境场所所需的不同空间,因此这些活动场所设不同的设施、规划不同的设置。以此来吸引人,满足不同人的不同活动的需求(图5.1~5.5)。

图5.1

图 5.2

图 5.3

图 5.5

图 5.4

（5）使未来的使用者有保障感和安全感。

（6）有利于使用者的身体健康和情绪安宁。

（7）尽量满足最有可能使用该场所群体的需求。

（8）鼓励使用人群中的不同群体的使用，并保证一个群体的活动不会干扰其他群体的活动。

（9）在高峰使用时段，考虑到日照、遮阳、风力等因素，使场所在使用高峰时段仍保持环境在生理上的舒适。

（10）让儿童和残疾人也能使用。

（11）融入一些使用者可以控制或改变的要素（如托儿所的沙堆，城市广场中心互动雕塑喷泉、儿童游乐设施参与游戏。

（12）把空间用于某种特殊的活动，或在一定时间内让个人拥有空间，让使用者无论是个人还是团体的成员享有依恋并照管该空间的权力。

（13）维护应简单、经济，控制在各空间类型的一般限度之内。

（14）在设计中，对于视觉艺术表达和社会环境要求应给予相同的关注。过于重视一方面，而忽视了另一方面，会造就失衡的或不健康的空间。一切行为都来自于人的自身需求，所以就要有一个好的场所效应（图 5.6~5.11）。

美国景观学家克莱尔·库珀·马库斯卡罗琳·弗朗西斯的《人性场所》一书中，就成功的人性场所作出以下几点评判的标准，这些标准同样适应公共设施的规划与设计要求。现摘录如下：

（1）位置应在潜在使用者易于接近并能看到的位置。

（2）明确地传达该场所可以被使用，该场所就是为了让人使用的信息。

（3）空间的内部和外部都应美观，具有吸引力。

（4）配置各类设施以满足最有可能使用人群活动的需求。

图 5.6

图5.7

图5.8

054

图5.9

图5.11

第二节　人的行为与空间尺度

　　人们之间的多种距离关系决定了人们之间的交往程度，最终决定了设施规划的空间尺度布局，也决定了环境设施设计的尺度依据，大型空间应划分为许多小空间以便人们使用，没有植物的环境设施，人们是非常不愿去的，通常情况下，人们更喜欢围合而又暴露的空间，人们的休息与环境有关，广场边界的丰富性为人们提供了良好的休息空间。一个令人愉悦的空间是因为它们的尺度、形状与使用者的目的相一致。空间可以是内向的、外向的、上升的、下降的、辐射的或切向的。空间是有性格的，不同的空间尺度、形态色彩给人不同的感受，引发人们不同的反应，不同的空间尺度影响着人的行为与情感，紧张、松弛、痛着、欢乐、沉思、兴奋、静止、动感、渺小、崇高等。我们要学会利用空间，规划空间，设计人性化的场所和环境设施。

　　要想创造有效的空间，必须有明确的围合，而且围合的尺度、形状、特征决定了空间的性质。人的交往距离的空间尺度一般可分为以下几点：

　　（1）亲密距离：相距0~0.45m，是一种表达温柔、舒适、爱抚以及激愤等强烈感情的距离。

图5.10

(2)个人距离:相距 0.45~1.30m是亲朋好友或家庭成员之间谈话等活动的距离,但同时保留个人空间。

(3)社会距离:相距 1.3~3.75m是朋友、熟人、同事之间进行日常交流谈话的距离。

(4)公共距离:大于 3.75m以上的距离,是一种单向交流的距离,适用于讲演、集会、讲课等场所,或者人们只愿意旁观而无意参与的场所。这种距离决定了人们的交往距离,也是空间或设施规划的设计与布局的依据。

例如外部空间模数把 25m 作为外部空间的基本模数尺度,25m内能看清对面物体的形象,高速公路的汽车快速行驶时,速度快时看不清路牌指示的方向,所以指示牌、看板的设计就要加大尺度,减少细部的小文字,而步行街的行人由于行走速度慢,看的人仔细,空间尺度相对小些,所以板面设计要相对丰富些,信息量大些。速度同人们所获得的信息细节和印象多在每小时15公里速度之下。速度越慢所获得的视觉信息越小。同时也应注意人们之间的亲密程度,亲密程度决定了个人空间尺度的大小,个人空间也是相对的不同的场所、不同的民族、不同的文化背景、不同的年龄的个人空间也不一样,空间的功能具有信息的空间,行走的空间,视听的空间,游戏的空间,使用的空间,同时人在空间中的需求又具有"公共性、私密性"。

①公共性:指公共空间人的思想、情感、信息等的人际交流活动,如儿童游乐园、公园、休闲场所。

②私密性:是个人空间的基本要求,空间的私密性是设施设计的一个重点要求,在设施的设计公共性的前提下,划分出私密性的特点,满足人的行为,私密性是相对于公共性而言的(图5.12~5.17)。

图5.14

图5.12

图5.15

图5.13

图 5.16

图 5.17

中國高等院校
THE CHINESE UNIVERSITY
21世纪高等教育美术专业教材
The Art Material For Higher Education of Twenty-First Century

CHAPTER 6

无障碍设施设计

第六章 无障碍设施设计

第一节 无障碍设施的基本概念

无障碍设施问题的最初提出是在20世纪初,由于人道主义的呼唤,当时建筑学界产生了一种新的建筑设计方法——无障碍设计,它的出现旨在运用现代技术改造环境,为广大老年人、残疾人、妇女、儿童提供行动方便和安全的空间,创造一个平等参与的环境。要想了解无障碍设施设计,我们首先应明确以下三个词语"损伤"、"残疾"、"障碍"的概念。世界卫生组织对上述词语作了如下的定义:

(1) 损伤:任何心理、生理、组织结构或功能的缺失或不正常。

(2) 残疾:任何以人类正常的方式或在正常范围内进行某种活动的能力受限或缺乏(由损伤造成)。

(3) 障碍:一个人由于损伤或残疾造成的不利条件限制或防碍这个人正常(决定于年龄、性别及社会各文化因素)完成某项任务。

综上所述的概念解释,我们对无障碍设施设计就不难理解,概括地说,残疾人、老年人及其他行动不便者等弱势群体在公共设施的使用时能安全、方便自

主完成。确切地说,无障碍设施设计是指设施的使用时无障碍物、无危险物,任何人都应该作为人受到尊重,能够健康地从事行为活动而进行的设施设计。

从人权的角度来说,人生来是平等的,在任何地方、任何环境使用任何公共设施都应该是同等的,不能因为人的损伤、残疾或老年或儿童的年龄因素成为使用的障碍。无障碍设施设计的目的也就是使设施设计成为一种无障碍设计。一个好的设施设计,应该是健康人、老年人、残疾人使用率都很高的设施(图6.1~6.7)。

图6.1

图6.2

058

图6.3

图6.4

图6.5

图6.7

第二节 无障碍设施的细节设计常用尺度及符号标识

（一）标识

视碍者与视力正常者在标识设计上应有很大的区别，视碍者很难或无法通过视觉传达的方式接受信息，所以对视碍者来讲，标识的设计可以通过色彩、可触的方式来解决这一难题，并且设计时尽可能地对标识传达的信息、图形加以最大的减化，以便使用者能迅速、准确地获得信息。

标识的背景色与图形、符号要突出，设计的形式可考虑多种表达方式，如可触标识，可触标识的特点是视力正常的人与盲人都可使用，而可触盲文又不影响设计的视觉形象。

国际通用无障碍设计标识及符号图形设计：

此标识是由国际残疾人康复协会会议通过的表示残疾人用建筑和设施的标志，指示残疾人可以独立进入的入口符号。

指示建筑中平行通道的符号。

指示有人援助的符号。

指示轮椅可进入的卫生间的符号。

图6.6

指示轮椅可进入的电梯的符号。

指示助听服务的符号。

指示感应闭合电路的符号。

指示红外系统的符号。

指示坐轮椅者可用的电话的符号。

（二）轮椅的尺度

由于轮椅的使用空间相对来讲较其他残障人的使用空间大，所以建筑环境及公共设施的宽度、使用距离能满足其他残障人的使用要求，故建筑环境及设施入口的宽度以轮椅的宽度尺寸为基本尺度。

轮椅可分为手摇式轮椅、手推式轮椅、电动轮椅，无障碍设施设计可以此图为参考的基本尺度。

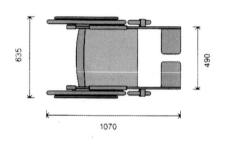

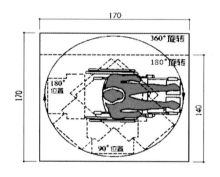

（三）车行道与人行横道设计

以轮椅的宽度650mm左右，两侧要求考虑留有约300mm的安全宽格部分，1300mm人行横道要考虑轮椅、视障人的通行方便，盲道与人行横道之间要有交接以导引视障者过路，在路口处设置利于盲人辨向的音响设施。人行道要设有肌理地砖的盲道，人行横道与车行道之间的过渡要有斜坡过渡，坡度要尽可能的小，最大坡度不应超过1:15（或6%），倾斜路面的坡要达到1200mm宽。平面和斜坡要有缓冲过渡带，以便轮椅使用者的安全保证。人行横道与车行道的过渡最好有点状肌理的地砖划分界面。在人行道与车行道交叉的界面所用的边石高差20mm以下。井盖与排水沟格栅：地沟盖的空隙孔在13mm以下，以免拐杖掉入沟盖空隙之内（图6.8～6.10）。

（四）坡道

坡道是环境设施设计中不可不知的一个重要方面，是一个界面向另一个界面过渡的一种方式，极大的方便了轮椅、婴儿车、手推车等车辆的通行。1:15、1:20

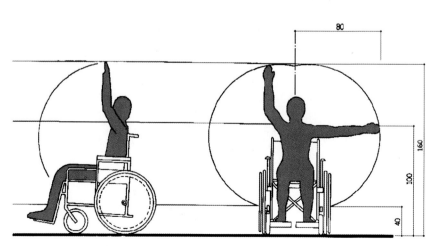

图 6.8

图 6.9

图 6.10

的坡道最适于轮椅使用者的使用, 坡道的设计应注意以下几方面:

(1) 坡面要防滑处理, 选材适中, 可选择有肌理的地砖、混凝土、水刷石、火烧板、机创石等材料, 注意肌理不易过大以方便使用者前往。

(2) 无障碍坡道的宽度不少于1m。

(3) 不足10m长的楼梯坡度不应超过1:15。不足5m长的楼梯坡度不应超过1:12。

(4) 坡道的起始部位要有休息平台以做缓冲之用, 长度不低于1.2m, 休息平台要有防护装置, 如防护栏、防护墙, 以

防使用者下滑。

(5) 有扶手的墙面, 扶手应固定在距地面900～1000mm之间 (图6.11～6.13)。

(五) 地面

地面的设计不要忽视视障者的需求, 因为对视障者来说, 不同的铺路材料传达着不同的信息, 他们依靠这些材料的肌理、方向传达的信息移动, 去寻找目标。

(六) 阶梯

阶梯: 踏步高度规定不得大于150mm, 以便拄双拐的残疾人有可能自

图 6.11

己提升, 踏步宽度影响到落脚地点和拐杖的相对位置, 规定不得小于300mm, 梯段高度和休息平台的安排应考虑残疾人的攀登能力, 每个梯段的踏步数不应超过18段 (图6.14)。

图 6.12

图 6.13

图 6.14

（七）设施扶手

设施扶手：建筑物中的坡道、走廊、楼梯、台阶，为残疾人设置的扶手是他们在行进中重要的依靠设备，是残疾人非常关注的安全设施。他们经常需要利用扶手发挥上肢的作用，以保持身体平衡，中途休息时，可将身体靠在扶手上，借以恢复体力，因此，扶手应安装牢固，视力残疾者需要依靠扶手的引导，梯段的两侧都要设扶手，扶手需保持连续不断（图6.15、6.16）。

图 6.15

（八）停车场

停车场要用标识牌，标出残疾人通道及残疾人用停车位，此停车位要宽，以方便轮椅使用者上下汽车之便利。黄色或白色的标志是国际通用轮椅使用者的标识色彩。公共环境中如商场公共建筑等的停车位配比关系是：每25个停车位有1个加宽的停车位，每50个停车位，有3个加宽的停车位，每100个停车位，有5个加宽的停车位。标准停车场车位的尺度为2400mm宽×4800mm长，而轮椅使用者的停车位至少应为3600mm宽×4800长（图6.17）。

（九）电梯

电梯是无障碍公共设施的重要方面之一，在公共空间都是不可缺少的，在高层公共空间里，电梯实际上就是一个升降平台，所以在设计时一定要考虑无障碍设计的因素，使用上要便于操作，如轮椅使用者使用方便、可触的盲文。细节的亮度提示的电梯尺度不应小于入口宽度

图 6.16

图 6.17

800mm，电梯间宽1400mm，进深1350mm以上，电梯间最好有镜子。设计注意按钮位置的高度便于使用，位置应较低、盲文、可触知铭文、照明的亮度，提示的声音（图6.18、6.19）。

（十）公共电话

公共电话的投币孔、插卡口、显示屏距地面不应高于1200mm，电话里装有电感线圈，从话筒到电话机的线不应短于750mm，拨号按键应是大号的，公用电话前面300mm长800mm宽的地方不应有任何不方便电话使用者的障碍物。阻车柱：阻车柱位于人行道与车行道的交界线上，阻车柱的高度不应底于1m，柱间距之间不应少于900mm，但最好不大于车距1800mm，以保护行人免遭车碰，阻车柱要以直的为好，不应有附加物在柱体上。

064

自助系统：如自助取款机、投币口、插卡口、出货口等的位置应设置在坐椅者伸手可及的地方，机器显示屏的中心高度应方便轮椅使用者的视觉要求，显示屏中心不超过距地面1200mm（图6.20）。

（十一）公厕

公厕：应设有带扶手的坐式便器，门隔断应做成外开式或推拉式，以方便轮椅进入。

图6.19

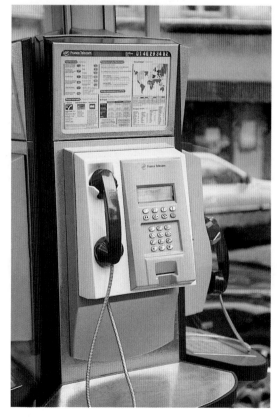

图6.20

图6.18

中國高等院校

THE CHINESE UNIVERSITY

21世纪高等教育美术专业教材

The Art Material for Higher Education of Twenty-first Century

CHAPTER 7

公共环境设施设计的教学目的
课题的选择与训练方式
课堂教学与辅导方式
教学与科研及设计实践

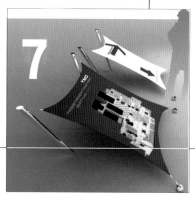

公共环境设施
设 计 教 学

第七章 公共环境设施设计教学

第一节 公共环境设施设计的教学目的

公共设施的设课目的就是使学生适应社会发展的人材培养需求，开拓学生新的设计视野。通过课题训练使学生能全面系统地认识公共设施设计是一个产品设计的新领域，是一个全面系统的为人的设计，从而理解人的行为与产品设计的关系，认识人在环境中使用产品的行为方式，了解人——产品——环境的和谐统一的关系，确定产品使用中的作用。

第二节 课题的选择与训练方式

一、本科阶段的公共设施设计教学课分两个阶段来进行的。第一阶段是在三年级上学期或下学期，这时学生的专业基础课已经完成，进入到专业设计课的训练阶段，学生具备基本的设计能力，所以我们安排了6~8周（约140~160学时）的时间来完成公共设施设计课，由于公共设施课题含括面大，内容太多，所以我们根据学生的特点选择不同的训练课题，通常以单体的设施为训练课题，例如我们已经

上过IC卡式公共电话机设计、休息设施设计、户外灯具设计、游乐设施设计、数码岛设计、城市的导视系统设计、自行车存放功能设计等。首先全面系统地讲授公共设施设计理论，再全面深入地讲授训练课的相关内容，课题分限定性设计或非限定性设计训练。所谓限定性设计就是对训练的课题有具体的尺寸规定和设计要求，比如自动售票机的设计课题我们就作了限制性的要求，给出了内部处理器及卡口尺寸等，这样就叫有限度的设计。而非限定性

的课题，如城市的导视系统设计就没有作特定的尺度要求，不太受内部尺寸限制，相对而言更能发挥学生的创造能力，但决不是任意的无目的设计。

在作业安排上要求学生对课题要有足够深入的认识，首先查阅相关信息，从收集资料方案草图到最终完成方案设计，都要做到有始有终，深入、精细、系统、完整，有深度，有设计含量。同时依据不同的课题来选择最终完成的结果，有的是电脑图，有的是缩尺比例模型。要求设计的

图 7.1

脉络过程要清晰，即从最原始的草图到电脑模拟图，设计说明创意理念，人机分析等文字资料都要具体明确（图7.1～7.12）。

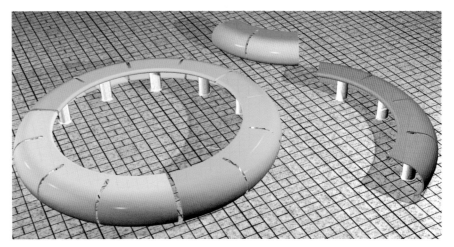

图 7.6

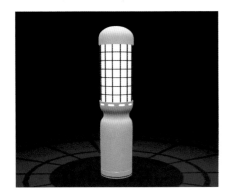

图 7.2

图 7.7

图 7.3

图 7.4

图 7.5

图 7.8

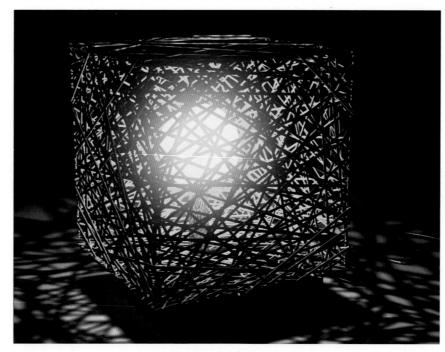

图 7.11

图 7.9

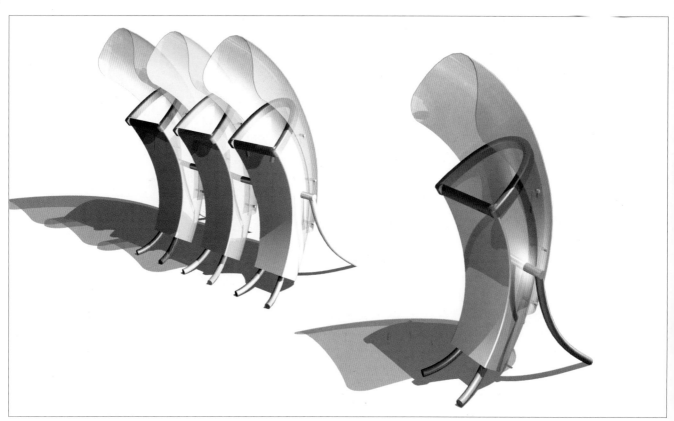

图 7.10

图 7.12

与三年级学生比较这个阶段的学生对设计的理解、认识相对深入全面，我们的毕业设计是学生自选毕业设计方向，以40人计算，通常每次毕业设计都有10个人左右选择公共设施设计方向，人数还是不少的，课题自选，这时需要指导教师把握好总体方向，尽可能不重复选题，学生选择的课题与完成的结果要控制好，课题面要宽，有一定的深度，课题基本多是虚拟的，这样设计不易受制作条件的束缚，充分发挥学生的设计潜在的能力，全面调动出四年来学生所学专业知识。涉及的课题有公共汽车站的规划设计、轨道交通系统设计、地铁站入口设施规划设计、小区的垃圾回收系统设计、公共休闲空间设计、加油站、高速公路收费口设计。概念停车场设计，课题也由原来的单体系列设计发展到规划性质的设施设计。每年都有新课题，新的想法，现实设计与前瞻性的概念化设计并存（图7.13~7.23）。

力求完美也是毕业设计的要求，好的创意如果没有精良的制作，也不成为好的毕业设计的作品，所以模型的制作要有巧办法，好办法，也需要一定的时间来完成。近些年来的经验证明，个别课题不是一个人能完成的，所以要分组设计，一个课题可以两个人一组完成，这样只要学生配合好，各尽所长就能做得很深入精致。

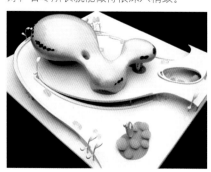

图 7.13

近年来，由于扩招每个班型由原有的15人扩大到40人，所以课题也有了些调整，每次上课由原来的一个课题调整到两个或三个课题，但课题之间要有一定的联系，这些课题的目的是打破最后的单一结果，同时还要注意课题的相关性和难易度，以便给成绩时好把握。

二、本科第二阶段的公共设施设计教学就是毕业设计。从每年12月开始到第二年的6月中旬(假期除外)，我们就进入毕业设计阶段，毕业设计的时间较长，所以在时间上要作出严谨的进度安排。

图 7.14

图 7.15

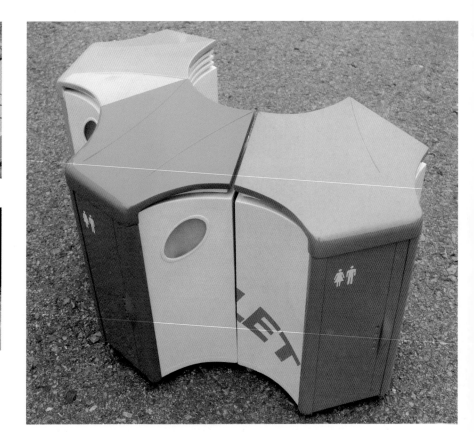

图 7.17

图 7.16

图 7.18

图 7.19

图 7.20

图 7.21

图 7.23

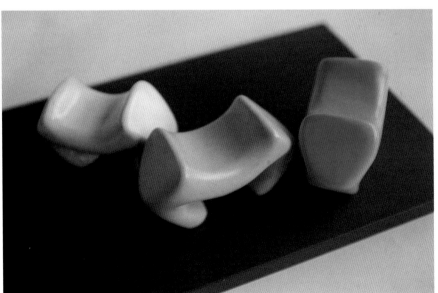

图 7.22

第三节　课堂教学与辅导方式

　　扩招前学生的总体能力是非常强的，而且每班15个人小班型老师辅导也较方便，教师的教学想法也很容易实行。这五六年来由于扩招，学生每班由15人增至40人，质量总体下滑，学生数量的增多，与教室的短缺给教学带来了很多的不便，根据这种情况，我们采取了统一讲大课，分组辅导定时看方案、小组讨论、关照重点、以点带面的教学方式，尽可能地营造良好的学习氛围，来激发学生对设计的兴趣。美国建筑大师西萨·佩里说："建筑往往开始于纸上的一个铅笔记号，这个记号不单是对某个想法的记录，因为从这个时刻开始，它就影响到建筑形成和构思的进一步发展，我们一定要学会如何画草图，并善于把握草图发展过程中出现的一些可能引发灵感的线条……最后我们必须掌握一切必要的设计和学会如何察觉出设计草图向我们提供种种良机。"这句话同样适合公共设施设计教学，大量的概略草图方案是设计前期的重点要求，在辅导的过程中，我们特别地关注学生的设计草图，以此挖掘学生潜在的设计灵感，而不是轻易否定学生的设计想法。有些学生对设施设计不知从何入手，一时进入不了状态，因此老师应尽快地使学生找到一种好的方法，找到设计的切入点，使学生有个正确的设计思路。这种思路应该有一种逻辑关系可寻的，工业构件的组配化、模块化是公共设施设计一大特点，因此设计出设施构件的基本单元，进而通过基本单元的排列、组合等逻辑手段的统合、深入、细部的处理，就能打开设计的思路，方案也能较容易地展开并得到进一步的深化（图7.24~7.42）。

072

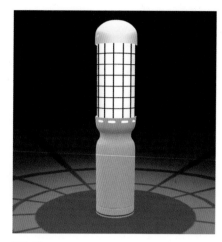

图 7.25

图 7.27

图 7.26

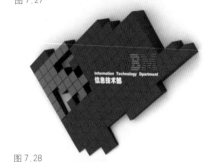

图 7.28

图 7.24

图 7.29

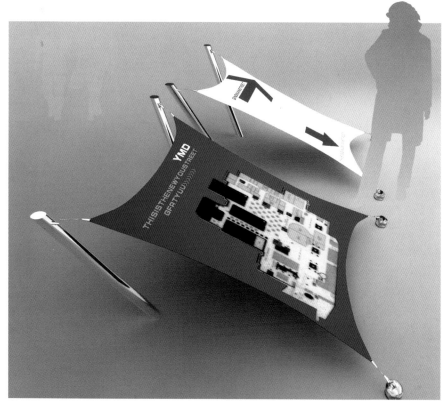

图 7.30

图 7.31

图 7.32

图 7.33

图 7.34

图 7.35

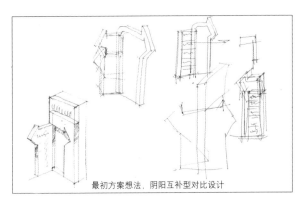

最初方案想法，阴阳互补型对比设计

图 7.36

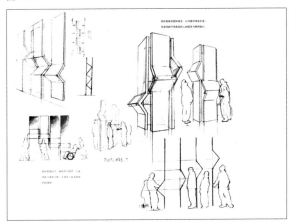

图 7.37

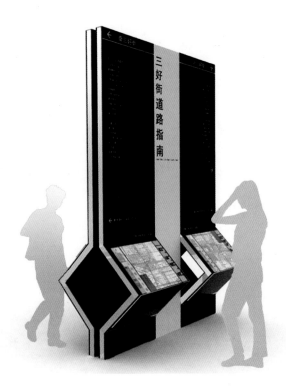

图 7.38

图 7.39

图 7.40

图 7.41

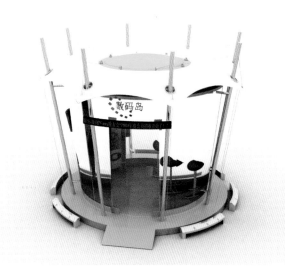

图 7.42

第四节 教学与科研及 设计实践

公共设施设计是一个非常有生命力的课题，无论是教学研究，还是市场需求都是有很大的空间需要我们去探索。时刻关注设施设计发展，收集相关信息把握最新发展趋势，使设计教学与设计实践、科研很好地结合是我们研究设施设计的重点。科研的关键是立题，选择既要解决市场急需又要有前瞻性并适于设计教学规律的课题来研究，如《IC式卡电话机系统研究》、《自行车存放功能与环境景观设计系统研究》、《城市导视系统开发与设计研究》等课题就是一个很好的例子。以

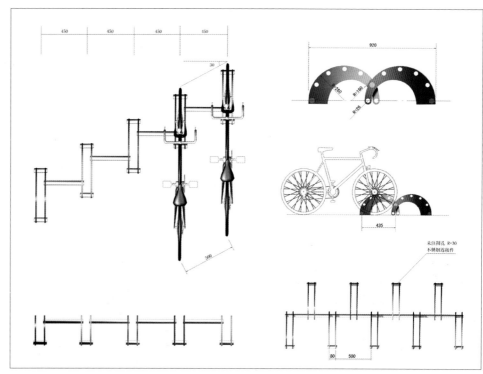

图 7.43

教学带动科学研究使科研更深入，反过来科研又促进教学的发展，所以平衡好三者的关系很重要。公共设施设计课在工业设计系的

教学中还是一个新课题，还需要逐渐的发展、完善，从而形成自己的特色（图7.43～7.49）。

图 7.44

图 7.45

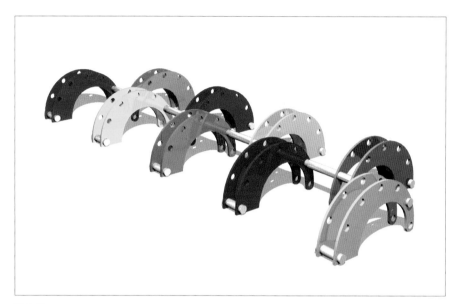

图 7.46

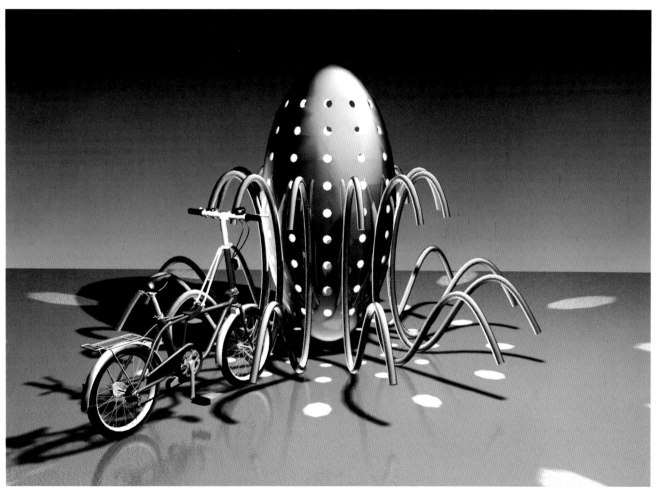

图 7.47

图 7.48

图 7.49

中國高等院校
THE CHINESE UNIVERSITY
21世纪高等教育美术专业教材
The Art Material for Higher Education of Twenty-first Century

CHAPTER 8

作品分析与点评

第八章 作品分析与点评

（一）休闲设施设计
（作者：金长明）

公共休闲空间设计应体现出公共空间的真正含义即为大众营造一个全新的艺术环境，它不仅能给辛劳疲惫一天的人们带来放松和自由的愉悦，同时也能提供给人们自由交换和接受信息的传播场所。通过多层虚实空间的组合，达到融合人工环境与自然环境，创造崭新形式抽象美感与可持续发展的生态环境的目的。这个公共休闲空间设计，营造的是一种文化的氛围，而不仅是实用的生活功能，是艺术家的创造与公众意见构成对话的领域，这个领域是自由的、开放的，它又是相对于私密而言的。

首先，四通八达的入口设计为人的自由进出提供了便利条件，并考虑到残障人上下楼的不便利，设计了倾斜度较缓的坡道，体现了以人为本的设计理念。此外，这组公共设施通过带有壁画、玻璃、镜面的墙体组合，使人仿佛穿行于一种你中有我，我中有你富有动感的空间环境之中，通过简洁、明快的造型语言融合于自然之中，构成了丰富多变、虚实相生的梦幻空间。公共空间除了具有公众自由进出的特征外，还必须有自由交往和对话的基础。该方案以简洁的几何形态为语言方式，通过不同的空间围聚，空间穿越方式，以及不同的设施放置方式引起人们奇妙的联想，构成了交流和对话的物质基础。从整体上看，该设计共分上下两层，带有天井式的中庭不仅解决了下层采光的问题，而且也是总体设施可供人观赏、娱乐，泉水通过玻璃之间的缝隙，由上至下流淌，在下层休息的人们可以欣赏斑斓的自然色彩和富有狂想气息的人工瀑布，感受空气中浮动的暗香的艺术中的幽静，可以在炎热的夏日把脚放到水池中享受水带来的清凉。在这里人便可体会到一种退隐、幽居、冥思回归自然的奇特感觉，满足了人对公共空间的精神需求。从空间造型上来看，这是一个规则的几何形态，通过不同的空间的围聚，空间的穿插方式，耐人寻味，激起人观赏、娱乐的兴致，内环境是通透的玻璃材质，在无形中解除了空间对人的封闭感，"透"的感觉油然而生。此外，带有镜面的墙体组合带有壁画的墙，与水面相呼应行走在其中，步移景移，景移情动，使人产生一种诗画般的意境美。是东西方文化交融的结晶，是对具有个性发展的本土设施的探索。

休息坐椅设计由坐椅和垃圾桶组合而成，坐椅充分考虑到人机工程学原理，深入了解人体坐椅座面上的体压分布情况，以便使人在使用中感到更加舒适、自然，为了方便人在休息时吃些东西，在椅子的两侧放置了两个垃圾桶，由金属预制件与椅子相连，其上的玻璃台面还可放置些饮料用品，座位之间的货架可用来摆放书籍与包裹等物品。整体设计简洁大方，造型优美，充分考虑到人的心理与生活需求。

游乐设施位于整个休息区域的中心，由喷泉、路灯、石阶组成，喷泉是路灯的一部分，水通过灯柱由下面的蓄水池引到上层，由泉眼喷出，既可为人饮用，又可供人娱乐观赏，给使用者带来了永恒和无限的快乐。电子查询终端系统是由太阳能供电的电子显示屏幕，被安装在玻璃墙上，具有方位指示、信息说明等功能。与玻璃砖浑然一体，具有易读、易记、易识别、易操作的优点（图8.1~8.11）。

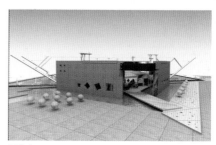

图8.1

图8.2

图8.3

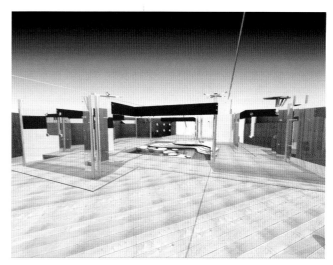

图8.4

图 8.5

图 8.6

图 8.7

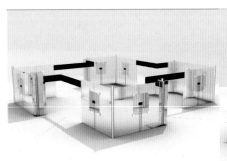

图 8.8

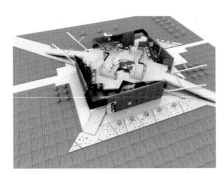

图 8.9

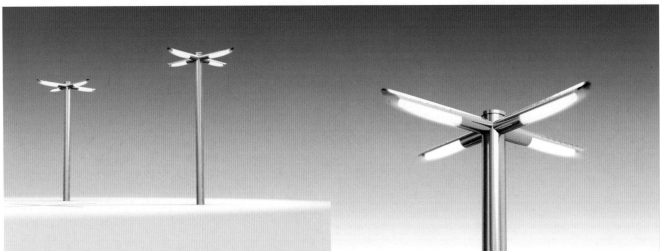

图 8.10

图 8.11

（二）未来公共汽车站系统规划设计（作者：张丽丽、卜立言）

公共汽车站充分体现了人性化的设计原则，这是一个大型公共汽车终点站，它为50人以上的候车人群提供了各种方便条件。①它的外形采用了蛋形，蛋形使表面积最小，而所覆盖的体积的结构强度最大，而表面积影响太阳的照射以及热量的损失与获取，使公共汽车站长年都处于很干爽的环境中。②蛋形车站下方是扇形屿台，它的高度与公共汽车内室地面高度相同。车站内的站牌顶端设有红外线感应装置，当公共汽车靠近车站时，它能接收信号并将站台上的伸踏板伸出，与公共汽车上下车门处接合成同一平面，以便行动不便者上下车，同时扇形屿台两侧都设有残障人士坡道，屿台背面还为盲人特设了盲人坡道，使盲人能在最快时间内，走捷径上车。③车站内部设有一部升降机，使人们能够直接从下一层进入到车站内。处于车站内部的升降机、公共电话亭被设计成透明管状，这种形式既开阔了视野，又加速了风的流动。在蛋形壳体的表面还设有孔窗，使车站内部形成美丽的光柱投射效果，升降机及电话亭上端的天窗周围有太阳能风扇。④在车站附近不远处为携带儿童候车的乘客设计了一组儿童游乐设施，且整体处于一个沙坑中，以防对儿童的意外伤害。⑤在整组公共设施的用色上采用一些鲜亮的色彩，对于在车站候车或转车的人来说，这也许可以让他们换一种环境，打破旅途的沉闷，给他们一次感受跳跃生活节奏的机会。车站的材料就是一种高新生态材料，是一种我们未知的材料。同时车站还运用了一种新技术——"薄壳技术"，薄壳没有梁、柱，专靠形体获得强度。由于靠膜面支撑，因此比传统钢筋水泥结构轻得多。薄壳是一种独一无二处理空间的最经济手段。

此概念设计中充分运用了感性语言，整个设施造型充满一种象征生命的卵形符号。蛋形车站中人流穿梭，上下往来，象征着一种生命力的生生不息（图8.12～8.18）。

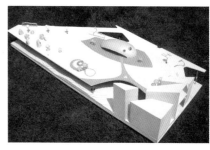

图8.14

图8.15

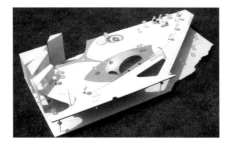

图8.12

图8.16

图8.13

图 8.17

图 8.18

（三）户外灯具设计

（作者：于庆水）

一、今天，我们正处在一个急剧变化的时代，人们既希望从传统中找回精神家园，以弥补快速发展带来的心理失落与不安，同时又满怀跃跃欲试的激情试图运用当代科技来重新组织自己的审美体验，重新调整心态，使之适应现代生活。今天的人们比历史上任何一个时期都更清醒地知道人类生存环境的"完整"、"完善"与"完美"的宝贵价值。为此，本系列设计在材料的选择上以石材为首选，亦可选择陶泥。让生活在钢筋水泥城市中的人们有回归自然的感受。

在形态上，设计者摆脱凡俗冗杂的装饰，以简约的形态示人，但又不失沉稳，展现了厚重的文化底蕴。然而，人们对现代灯具设计的要求已不仅仅局限在照明和外形的美观宜人上。对灯光的细心雕琢，更是不可或缺的，所以在设计此款灯具之前，设计者最先考虑的是光对人的影响，以达到改变人们以为"亮"就等于"靓"的错误观点（图8.19）。

二、灵感来源于"洞穿武力"，寓意反对战争，向往世界和平。此灯具的功能已完全摆脱照明的束缚，集美感和警世功能于一身（图8.20）。

三、此方案是对植物蓓蕾进行仿生的设计。简约时尚的造型、绿色环保的材料、清新靓丽的色彩、五彩斑斓的光影使受众心情舒畅（图8.21）。

图 8.21

图 8.19

图 8.20

（四）轻轨站台设计
（作者：张圆圆）

此次轻轨站台设计以几何形态为主，是纯粹概念化设计。着力突出直线与弧线的对比，空间的穿插以及现代构造的应用都表现出其鲜明的公共空间艺术特色。大面积的弧线设计，顶棚规则的圆孔通透设计，投射阳光形成光眼，利用自然的光照形成站台表面的光线效果。整体开放性设计并充分考虑到特殊人群的使用特点，宽敞的圆形阶梯台阶，两旁设计了倾斜度较缓的坡道专门提供给残障人士使用以解不便，并且设有滚梯，可方便运货，平直的登车处使月台与车厢间的

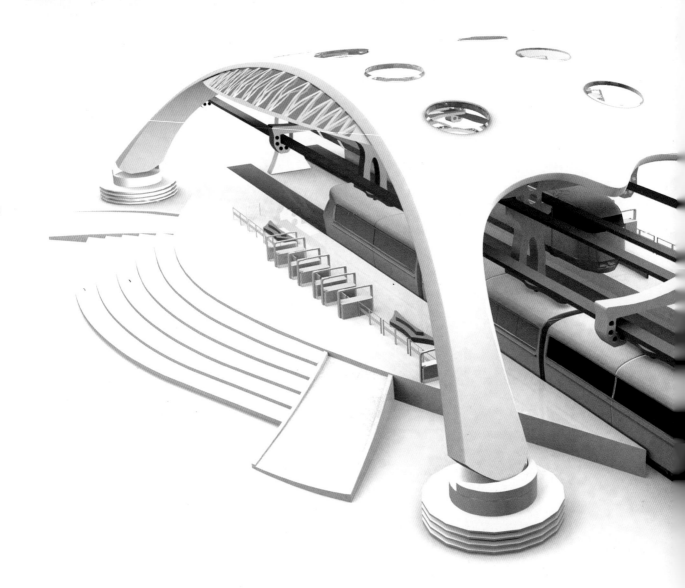

图8.22

空隙减至最小，中间的悬挂系统采用"T"形，简单明了，上下面均设有轨道，使其轻轨在运行或转站时随时完成上下交接（图8.22～8.27）。

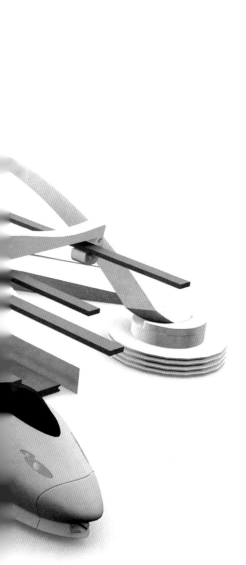

图8.23

图8.26

图8.24

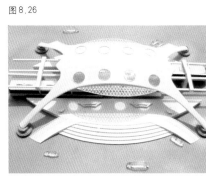

图8.27

图8.25

（五）城市导视系统设计

（作者：王丹鹤）

一、此设计采用两块看板拼合，中间以调和板隔开，能更详细更准确地介绍此地区状况。另外还可以采用不同高度以适合各种人群观看，在颜色搭配上采用黑色为主，其目的是和环境融合，完全以功能为主的设计。其功能是以多种人群的场合下考虑排列的，结合此方案的其他形式组成能适合各种身高的人观看，在排列上采用由矮到高，再从高到矮的排列，以波浪线的形式组合，各式身高的人均有两块看板以满足从不同方向驶来的人观看，此排列组合可放在广场，人群流通多的地段或者街道，加上具有波浪线般的节奏感和动感，使过路人仿佛进入一个充满动感的空间。此排列始终坚持功能、环境的和谐搭配为设计原则，功能决定形式，而功能的体现是与环境的结合和融入，这才是城市导示系统的核心（图8.28）。

二、主要是强调功能性和与环境的融入，与方案1相比较主要加宽了附加板的长度，其目的在于增加其使用面积，为进一步提高功能的需要，可将大面积、大范围的信息传达出去，适合于火车站，大的商业街、飞机场等地区，是适应环境而诞生的组合。其组合也是根据环境的需要来完成的，完全强调功能和环境的需要，利用其两个可视面积，一主一次，能给过路人详细的指示（图8.29）。

三、主要以单体的变化形式为主，根据不同的环境，将其附加板去掉以单体排列为主，这样做的目的在于，不占有大空间的同时起到直接的指示作用，在一个小

的地段，或者建筑群体、公园等特定环境下使用，尤其在高速公路的路段，公园或动物园等野外安放实在是再合适不过的选择。这个方案的核心是与环境的结合，功能通过环境来表现出的思想为主要设计来源。其排列也是根据环境而来（图8.30）。

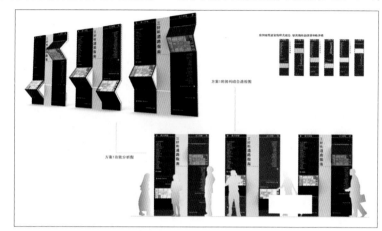

图8.28

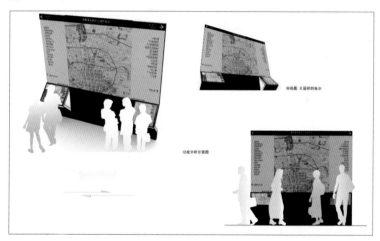

图8.29

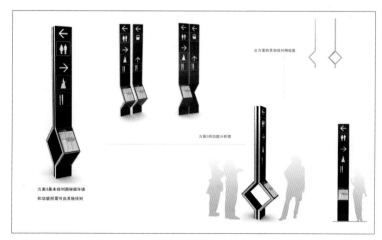

图8.30

（六）组合式儿童游乐设施设计
（作者：刘姝）

本方案是为 3~16 岁少年儿童设计的综合性游乐场。通过各有特色的游乐单元组合，最终构成一个充满乐趣、想象力的游乐环境。在深入了解儿童的心理、行为特点以及中国目前的游乐设施市场现状后，认为将游乐场作为社区文化、城市文化的一个元素来构思，作为丰富城市公园、生活社区的新元素，灵活组合，可大可小，按需要拼装的方案设计，能够适应城市多变的地形要求，不同年龄的儿童可以按喜好和身体发展的需要来进行最佳组合。设计运用了鲜明的、符合儿童心理的纯色系列，富有亲和力的松木材质，以及简洁充满童趣的造型，合理的布置了活动区域与休息区域。

设计的最终目的是通过各种游戏来锻炼儿童平衡、协调等能力，并且促进身心的共同发展。让游戏既安全科学又充满乐趣（图 8.31~8.35）。

图 8.32

图 8.33

图 8.31

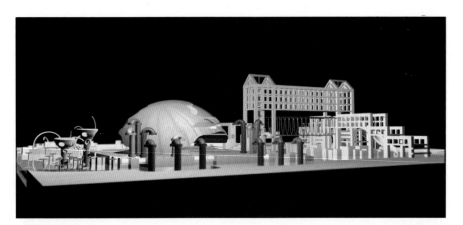

图 8.34

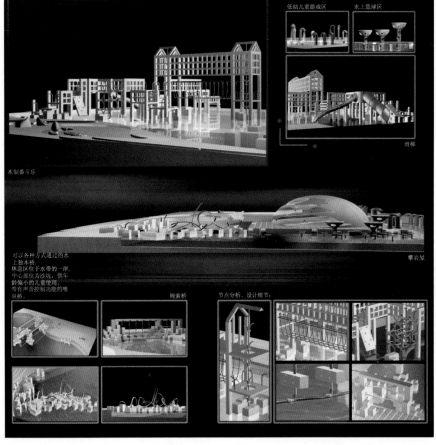

低幼儿童游戏区　水上篮球区

木制番斗乐

可以各种方式通过的水
上独木桥
体息区位于水带的一岸，
中心部位为沙坑，供年
龄偏小的儿童使用。
带有声音控制功能的喷
泉桥。

滑梯

攀岩屋

绳索桥　　节点分析、设计细节：

图 8.35

（七）组合式活动公厕设计
（作者：陈江波）

一、公众活动作为生活中的第三领域，越来越受到国家和市民的重视。这是一个社会走向民主和文明的标志。卫生间是城市公共建筑的一部分，是为居民和行人提供服务的不可缺少的环境卫生设施，也为建设卫生、环保及人文的公共卫生环境提供了可靠的保障。城市公共卫生间无论在硬件还是软件上都迫切需要提高一个层次，真正做到布局合理化、设施现代化、内外美观化、管理秩序化、保洁标准化，使卫生间这个"城市的窗口"也能舒适宜人。

认真琢磨了细节的修饰与完善，选用了节水、节能设施，采用坚固、耐用的环保材料，倾力打造方便所有人群的公共设施，设计定稿以活泼新颖的外观、极具人性化的服务设置、新材料的应用作为"新概念"公共卫生间的特点。在内部充分注重了：A、人与界面的亲和力（人机工程）。B、功能分区的合理布局，设计在注重美观的同时，更重要的是为人们创造一个舒适快捷的环境。同时兼具独立性、环保性、使用性、醒目性、方便性、公共性和地域性，充分体现出了对人的关怀。注重了材质选择，功能组合，模块的衔接，让中国的公共卫生间真正体现出以人为本的特色，满足人们的需求。

二、"新概念"卫生间室内的配置：采用了无性别公共设计，一个占地几平方米的独立卫生间，轮椅可自由出入，男女都能使用，残疾人、老人和幼儿可以在异性家属的陪同下一起进入，而不必怕别人异样的眼光。除了现代卫生间的独立间外，盥洗台等使每个进入公厕的人在视觉上的第一感觉是轻松愉快；衣带挂钩、手纸、洗手液给如厕者以方便；靠外墙的位置设有书报架、休息角等等也体现了人文关怀。每一个微小的设计之中都体现了充分的调查研究工作和服务意识的结合。

（1）整体性：从设施的所处整体环境着眼，使单体设计与所处的环境要融合，将设计对象置于系统中加以考察，研究环境与整体，整体与局部的相互联系。

（2）独创性：发挥"公共"潜质特点，充分利用材料的特性，发掘结构潜能，显示外在造型。

（3）模块化：工业模块化的方式是降低制造成本，提高安装质量的有效途径。通过现有或自己设计的型材来整合设计单体，注意结构的相似性和构体的通用性、互换性。

（4）人性化：让使用者"爱"上它。设计既是为人民服务的产品，又是城市地区的一道景观。因此抓住地区文脉、习惯、特质也同样重要。

三、充分利用社会资本和基础条件，加快城市发展步伐。创造具有独特面貌和气氛的设施与环境空间，同时兼顾到未来发展的需要，兼具创意与综合性能，为社会群体提供更高素质的城市设施，使城市生态、社会经济力量、公共政策互动平衡。

（1）广场和主要交通干路两侧。

（2）车站、码头、展览馆等公共建筑附近。

（3）风景名胜古迹游览区、公园、市场、大型停车场、体育场（馆）附近及其他公共场所。

（4）新建住宅区及老居民区。营业场所包括宾馆（大堂）、饭店、旅馆、餐饮场所、文化体育娱乐场所、购物场所、加油加气站、机场、火车站、公共电汽车站和长途客运汽车首末站、地铁和城铁车站、高速公路服务区等。而对于一些需要购票进入的场所，如博物馆、影剧院等，内置厕所则只向购票者开放（图8.36）。

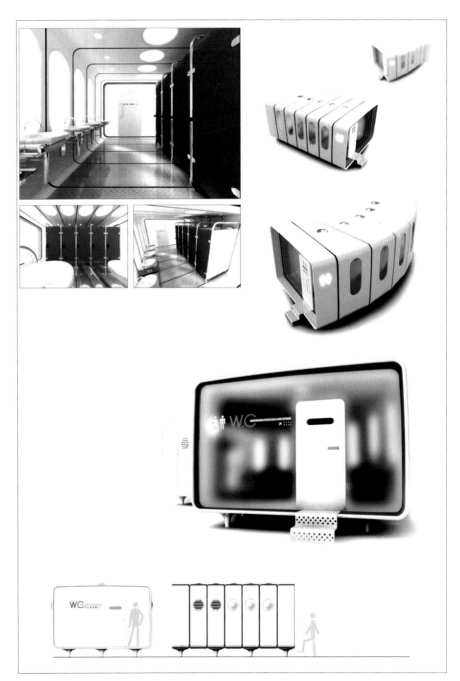

图8.36

（八）数码岛设计

（作者：杜海滨、薛文凯、王雪银）

数码岛——学名"数字城市公共服务信息交互平台"是"数字城市"的重要基础设施建设内容，数码岛建设成后，将实现电子政务、电子商务、电子社区、电子交通、电子教育、电子医疗和电子公安等各领域的社会化。

一、设计创意

1."形"的选择

在沈阳工业化城市定位中提取造型元素，基本造型以钢铁型材、板材和不锈钢为主，采用模数化设计以体现标准化、系列化、通用化生产的工业化特征，在视觉上追求硬朗、鲜明、大气、稳重的时代品位，使模数化表现形式与"数字化"服务内涵完美结合，以实现打造数字沈阳、建设时尚家园的美好科技理念。

2."色"的确立

将标准色彩导入视觉形式设计，是提升企业文化及形象的重要手段之一，以企业CI或VI系统为基础定位色彩设计是本设计的初衷，因此，"电信蓝"在方案设计中占有绝对的统治地位，从外观造型到室内陈设的每一个细节和操作界面，都能够让使用者感受到"蓝"色的便利和魅力，它带给公众的不仅是时尚与服务，更传递着政府、企业、市民共同的梦想与未来。

3."质"的定位

即物质材料的综合体，它满足造型、色彩和实现功能的物质条件。本方案设计在材质定位上重点侧重于生产制造、使用维护两个方面：

（1）生产制造方面强调"三化"，即标准化、系列化、通用化。除了以金属材料的物质特性来表现其工业美感、技术美感外，它更适合于批量化制造，实现规模经济，有效地控制和降低成本，易于该项目的普及和推广。

（2）使用维护方面强调"模数化"。在"公共广场型"和"小区住宅型"两个系列产品中模数化特征尤为显著，它们不仅可以实现批量制造，多项构件和配置均能达到互换互用，异型组合等功能。方便于日常的使用和维护，包括包装、运输、安装更换和调试，同时也易于拆解、回收，有效地降低污染等。

二、人——岛——环境

以人为中心是本方案设计的宗旨，将"岛"作为一种纯粹的产品设计不是我们的真正目的。因此，将建设数字沈阳作为一种爱的行为，美的享受的转化，使这一理念的转化实现其产品的强大功能，是我们的创意原点。如在"公共广场型"设计方案中，充分考虑到"岛"的布置位置、使用人群、使用频率和弱势群体的使用状态等因素，打破了习惯上常有的封闭式设计，以钢结构框架结合高强度中空玻璃为整体外观造型的主材，形式上采用端庄、整体稳定的正方形。在视觉上有很好的正面率效果。"电信蓝"虽然没有做很大面积的装饰，但从任何一个角度都可以通过简洁的框体彩色钢板观看到"岛"的完整造型和标准色。为消除平面广告的方向性，采用了可旋转的"雷达"式广告媒体，提升了视觉注目率，环形的电子游动字幕加快了多种信息的传递效能，笨重不雅的空调系统被整合进顶部，制冷与制热适合于北方的全天候使用。通透明亮的造型更增强了人与岛的亲和力与参与意识。在"小区住宅型"设计方案中，除了继续保留端庄明亮的方形造型外，进一步净化了浓重的商业气息，广告媒体被控制在人们的视觉和心理上能够接受的范围，暴露在顶部的空

数码岛设计

图8.37

调机罩造型优美圆滑，像从太空归来的宇宙飞碟，与小区内的绿化和周边设施形成对比与联系，留给居民更多的想象空间。"岛"的进入口和室外公共电话巧妙地被处理在分割后的功能角上，整体造型更加细腻柔和，使之与小区的人文环境更加协调统一。

　　两种室外型的方案设计无论外观式样还是内在功能，都具有各自的鲜明特征，前者强调都市化快节奏的互动与交流，给人以快捷、效率、秩序、数字化的科技感受，后者注重轻松、自然、便利、休闲的社区文化。在设计语意方面充分运用形态、色彩、材质等造型要素，结合高科技网络技术，提供人们全方位的数字化信息服务方式。相信随着信息岛工程项目的不断完善，沈阳将会与国际化大都市同步，体验和享

图 8.38

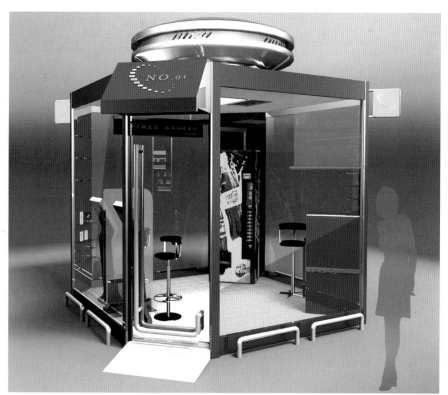

图 8.39

图 8.40

图 8.41

受到全新的数字生活……(图8.37~8.41)

(九) 公共休闲椅设计
(作者：薛文凯、王雪银)

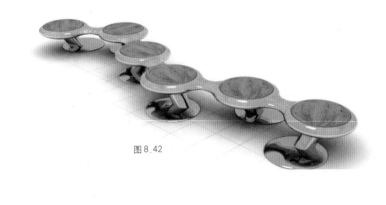

图8.42

化为出发点，把现代化的材料、有机形态、图形图像等诸多元素融于坐椅的设计之中，形态上富于动感、时尚、飘逸，选择不同的材料、色彩单元组合成不同风格的群体，从模块化、组配化的简单的基本单元根据不同场景、不同空间尺度，通过不同方式的组合产生了丰富的视觉效果，从而使坐椅融入自然，与公共环境产生共鸣。坐椅适合于室内外的公共空间场所，如公园、广场、街道、住宅小区、机场、商场等。

图8.43

094　　材料选用不锈钢（抛光处理）、工

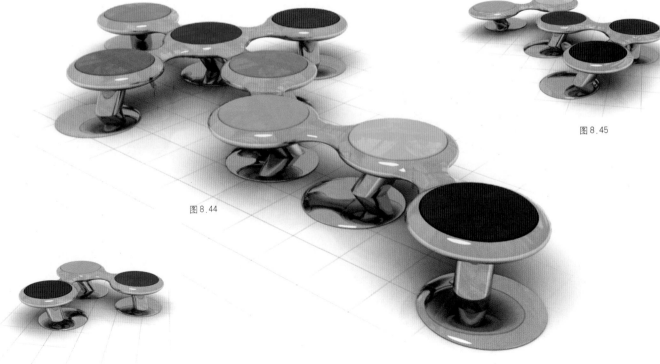

图8.44

图8.45

图8.46

程塑料、防腐木材、钢网静电喷涂（图8.42～8.46）。

（十）IC 卡式公共电话机设计
（作者：杜海滨、薛文凯、焦宏伟）

该方案是在满足 IC 卡或磁卡全部操作控功能和技术参数的基础上，对造型、色彩、人机亲和性、人机功效性、形态语意特征等方面进行综合的系统性设计。整体功能界面以曲线、曲面为基本形式语言，造型流线化，视觉浏览更为通畅，主控键单独群化处理，四个辅助键纵向排列，使整体操控界面呈轴心线对称式布局，使功能区域的可读性、辨认性、操控性更具人机效率和亲切感。输卡口显示屏、手持话机、按键等细部设计从视觉、触觉、听觉等方面更符合人的心理和生理结构特点。在工艺方面可实现金属模压和工程塑料注塑成型制造技术，生产成金属和塑料两种机型，以适合室外和室内不同使用环境的要求。该样机作为入选作品参加全国第九届美展设计作品展（图 8.47～8.49）。

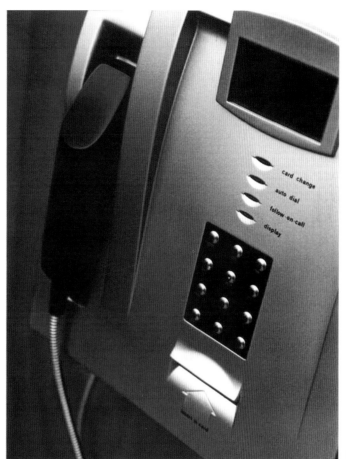

图 8.48

图 8.47

图 8.49

参考书目

《景观设计学》 [美]约翰·O·西蒙兹 著 俞孔坚 等译 北京建筑工业出版社 2000 年

《建筑小环境设计》 刘文军 韩霞 同济大学出版社 1999 年

《人性场所——城市开放空间设计导则》 [美]克莱尔·库珀·马库斯 卡罗琳·弗朗西斯 著
俞孔坚 孙鹏 等译 中国建筑出版社 2001 年

《建筑外环境设计》 川西利冒 宇彬和夫 著 刘永德 淋翰弘 译 中国建筑出版社 1996 年

《无碍设计》 [英]詹姆斯西德尔 塞尔温·戈德史密斯 著 孙鹤 等译 大连理工大学出版社 2002 年

《国外建筑设计详图图集3》 [日]荒木兵一郎 藤木尚久 因中直人 著 章俊华 白林 译 中国建筑工业出版社 2000 年